家居之源

空 间 创 意 设 计 灵 感

（英）迈克尔·弗里曼 / 著　潘莉莉 / 译

华中科技大学出版社
http://www.hustp.com

有书至美
BOOK & BEAUTY

CONTENTS 目录

过去十余年，我一直辗转于世界各地拍摄类型各异的建筑和室内空间。这些建筑和空间具有以下共同点：设计者们都花费了大量心思来凸显这些建筑和空间的功能。这些设计充满想象力又极具个性，并且总有某些方面对我极具吸引力。同时，我选择拍摄的这些建筑和空间不仅丝毫没有常规商业室内设计的刻板痕迹，相反，它是人们尽情享受不同生活方式的生动体现。

将拍摄的网撒得更广一些，拍摄不同文化背景的国家和地区，使我受益匪浅。这最终为我提供了这本书的灵感来源。事实上，全球化不仅发生在经济层面，也发生于我们组织生活空间的思维方式层面。立足于我们自身的文化传统当然是正常、有益的，同时也是必须的，但在这个日新月异的世界，我们也需要从其他文化汲取灵感。

东亚国家尤其是日本，在过去20年为全球家居空间设计提供了丰富的灵感。这不仅仅是因为东西方文化之间存在巨大差异，也由于20世纪80年代末东亚地区开始的经济衰退使得此地区的建筑和空间设计变得越来越重要。从20世纪60年代开

左图：日本一处改建后的公寓。设计师们用电脑建模，创造出了图中所示的多面体木制装置，并将这一装置贯穿建筑的原有空间，用来安放照明等生活设施、提供储藏空间，以及用作床基。

始直至 80 年代末，日本经济呈现出了锐不可当的发展势头，因此导致了土地价格的疯涨和财富的迅速累积。这些现象对建筑和空间设计是有百害而无一利的。因为它导致设计市场上很多客户开始一味地追求和模仿西式风格。总之，这一时期的亚洲国家开始一窝蜂地建设嘈杂、毫无审美的城市建筑，日本则在这一过程中起到了引领作用。1990 年开始的经济衰退，为有深度的建筑和空间设计的复苏创造了条件。虽然这并不是全球普遍现象，但这段时间的亚洲的确产生了既有当代感，同时也反映了传统理念的最佳生活空间设计。这些传统理念的其中之一就是空间的灵活性。即采用分割的方式使一栋房子的空间规划瞬间发生改变。例如，我们可以利用一道木制或木框纸面的屏风门在卧室中多隔出一个生活空间。把床垫收起来或者将屏风推开，两个空间就连接了起来。另一个传统理念就是内部和外部的相互融合。例如，通过透明的墙或窗，将外部花园的风景框成装饰画，同时也将内部生活空间投射到外部。当然，这些传统理念也都可以追溯到更古老的中国传统建筑理念。以上所举两例的这些传统东方理念，虽然与西方传统背道而驰，却完全可以被应用到当代生活空间的设计中来。直到最近，所有从宽泛定义的"西方世界"以外的地区产生的设计作品仍被定义为具有"传统民族风格"。也就是说，从某种意义上，人们认为这些作品的设计者仍然囿于古老的历史传统，拒绝接受新事物。例如，印度或泰国等地区的家具或装饰品通常被认为具有某种固定风格的异域风情。由于它们的风格很固定，也

经常被视为工艺品。人们会臆想这些东西都是在小村庄里，由村民用不为人所知的神秘工具制作的。虽然事实上它们也都是由廉价劳动力大批量制造的，只是被刻意制造出了手工工艺品的感觉。在西方世界里，从事东方家居用品进口的零售店和发行商似乎花了很长时间才弄明白，全世界哪个国家都有当代设计师。这些设计师也与西方设计师一样，对当代风格抱有浓厚兴趣。现如今，随着全球范围内经济发展与其带来的影响之间逐步达到平衡，西方世界以前对东方设计持有的局限思维也正在被消除。现在的建筑和空间设计领域，更多的是不同文化之间相互汲取营养。我希望本书可以为不同文化背景的建筑及空间设计师相互学习贡献绵薄之力。

　　本书的框架结构比较特别。一般来说，以家居空间设计为主题的图书，会按照设计案例或者设计师、建筑师、房主的理念为单元设置章节。但事实上，生活空间在组织、分割和连接等各个方面，本质上相似的问题总是存在多个解决方案。因此在本书中，将家居空间设计的概念根据这种标准进行分割和拆解，这样似乎更有助于读者理解。如果我们将生活空间进行细分和拆解，那么它将会被分为如下几个部分：拥有不同功能的局部空间、这些局部空间的分割或连接，以及附属的功能性空间。这种分解方式看似并无太大特别之处，但是却反映出不同设计理念之间的关系。更重要的是，这种方式鼓励人们以更加审慎的方式看待家居空间设计的不同组成元素。以上提到的生活空间组成部分之中，房主们在考虑家居空间设计时，通常最不大可能从连接和分割的角度

右图：一处接待区的局部。挑高屋顶使室内空间显得非常宽敞，空间内的装饰图案和实用设施以简洁风格为主。一架楼梯贯穿整个空间，图左的落地玻璃墙也使得室外的风景一览无余。

考虑问题。室内设置走廊显然是为了连接不同的房间，但连接房间绝对不止这一种方式。如果你想换一种方式，不妨先回到最初的目的，然后再尝试找出不同的解决方案。

我尝试将影响家居空间设计风格的因素分为宏观和微观因素。这本书中收录的家居图片中，其中一些只需远观，体会不同的细节如何相互配合，营造出整体氛围；而另外一些，我们则需仔细观察，细到甚至连合页和门把手都不放过，以此来思索细部对整体风格的形成起到了什么作用。观察这些图片的目的就是重新思考。在家居空间设计领域，我一直不太愿意用"升级"这个词，因为"家装升级"这个叫法近些年实在过于泛滥，泛滥到这个词组本身已经失去了任何含义。但不可否认的是，所有家居空间设计的最终目的都是使生活空间符合个人的品位和需求。本书收录的所有家居设计都是为房主量身定制的。没有任何一处住宅的室内设计是由设计师在与房主互不熟知的状态下盲目进行的。在住宅开发和建造领域，我认为最差的室内设计就是由开发商在还不知道买家身份的情况下，事先委托设计师设计的方案。事实上，如果有预算请设计师进行设计，那么钱就要花得值；如果没有请设计师的预算，那么我们还有其他选择。本书中所提到的家居空间设计理念中，花费并不是重要因素。书中收录了很多风格简约典雅的家居图片，这种既省钱又有效果的家装方式在经济下滑阶段不失为一种好的选择。本书中提及的很多建筑师和设计师们，都在探索压合板、纸板、房屋初建阶段的竹架、锡纸、灰泥等廉价材料的特性，而这些材料也是那些缺乏想象力的人们所嗤之以鼻的。

作为一本为家居空间设计提供灵感来源的书，本书最终关切的还是我们所选择的生活方式。也就是说，在我们还可以选择并且有机会选择的时候，选择创造我们自己的家，或者把它改造成我们喜欢的样子。对建筑和室内设计来说，我最感兴趣的并不是设计的形式，而是它对生活产生的影响。德国哲学家马丁·海德格尔（Martin Heidegger）在一篇建筑现象学领域的重量级文章《筑·居·思》（Building Dwelling Thinking）中，阐述了对建筑本身的"筑造"，人在建筑中的"栖居"以及人类的"思想"三者关系的思考，让我们更进一步认清了自身与居住空间之间的关系。海德格尔写道："当我们思考位置与空间，以及人类和空间之间的关系时，我们就明白了那些被我们称之为位置和建筑的东西的本质"。因为建筑是实用而日常的，我们往往懒得去探究我们真正需要的家是什么样子。事实上，家不仅仅可以满足各项功能，还可以丰富我们的生活。

CONNECT
连接

在考虑住宅室内布局时，人们在传统上会认为客厅、餐厅、卧室等主要功能性区域才是核心，而那些用来进入和连接这些空间的区域都是次要的。其实我认为这种看法有些保守。

在西方，小面积住宅的走廊和楼梯空间也仅仅够用而已。这种设计的初衷也是让人们能够快速通过，不会在上面多停留一秒，也能帮房主节省装修预算。但从本章收录的案例中，我们可以看到，入口和走廊的处理方案和策略其实非常多样化，并不一定都是狭小局促且毫无存在感的。

让我们跳出传统概念，将走廊、楼梯之类的通道与入口结合起来看待，将它们看成主要空间的连接区域，这将有助于我们重新思考它们的设计。正如本章开头一些关于入口的图片所示，经过特别的设计，这些通道还可以发挥额外的功能。门道直接通向大门，明确向来者指示房屋入口位置，这似乎很符合逻辑。某些中国和日本的建筑理念通常建议采用较为隐晦的方式：先隐藏，而后逐步或最后一刻猛然揭示入口位置。在这种理念下，门道可以是蜿蜒小径，也可以是直道，或者在最后一刻来一个90度右转弯。而且这些门道通往的入口也大有文章可做，它们可以彰显自己的独特风格，为来者的室内体验之旅定下基调。

走廊通常是指大面积空间周围的条状区域。本章收录的一些案例中，建筑师们赋予了走廊存在感。这些空间虽然狭小，但它们的基本形状暗示来者可以利用纵深角度来更好地观赏室内景物。进入正门之后，来客最先来到的就是门厅，这也是他们对房屋室内的第一印象。至于面积，不管多小的门厅也都可以有自身的存在感。

如果说走廊和门厅是一处住宅的水平连接通道，那么，台阶和楼梯则意味着垂直通道。

　　当然，因为楼梯是连接上下空间的垂直通道，所以只要它不被隐藏在两堵墙之间，就自带吸睛效果。本书收录的案例中，楼梯的设计五花八门，有的简单低调，有的则十分引人注目。其中一个案例中，建筑师将楼梯井隐藏于建筑结构之中，将其变成建筑的秘密空间；而另一个案例中，建筑师则用楼梯充当整栋建筑的支架。此外，很多不同案例中楼梯的旋转角度、选材和配色都出乎人们的意料。

　　最后则是地板。如果将地板看作是承载人们日常活动的平面，而不仅仅是区分不同房间的边界，那么地板的选材和处理方式则变得十分有趣。木头、金属、石块、混凝土，甚至稻草，都可以作为地板建材，而且处理方式多种多样。本书中多次出现的一些案例表明，最有趣的设计通常也是造价最低的。因为好的设计依赖的是想象力，而非昂贵的材料。

连接入口

左图：东京市中心一处狭小住宅的入口。这处住宅挤在两所房屋之间，极其狭窄。院子里的小径和玻璃门避免了狭小空间导致的局促感。

下图及右下图：一处颇具现代感的庭院入口，位于上海，由日本著名建筑师三浦荣（Sakae Miura）设计。门后小径沿院子对角线方向设置，两边种有竹子，竹林根部铺有鹅卵石。内门（左图）和外门都是推拉门，并且门上都有穿孔。外门口位于街边的铁块装置（右图）V型开口处隐藏着大门的掌纹识别开关。

右上图：一处十分狭小的锥形住宅。约40米高，内部宽度由底层约4米减少到顶层的2.4米。这处住宅内部还有一个更狭小的花园，花园中有一条踏脚石组成的小径，通向兼具开放性与私密感的浴室。

最右图：竹林深处隐藏着一条高于地面的木制小径，小径在尽头右转90度通向正门。而在正门（位于图的右方）的正前方，则是一处由两座布满苔藓的小土丘组成的微缩花园。

18—19页图：

左图：一处位于印度孟买北部的海滩度假屋。入口通道被设计成为混凝土隧道，单侧开口作为正门。仿舷窗的大窗户是度假屋中反复出现的主题，图中的窗户后方设置有光源，为入口处提供光照来源。

右图：日本那须二期俱乐部酒店（Niki Club）中一间客房的入口和门道。这里的设计新旧结合，门道采用了传统的踏脚石，正门却由混凝土建造，并且还带有混凝土浇筑模具的清晰痕迹。

左页图：

左图： 这处住宅位于日本东京，由日本建筑师川口通正（Michimasa Kawaguchi）设计，整体风格昏暗而静谧。房屋入口被故意设计得隐秘而局促，正门高度是普通门的两倍，被漆成了墨色。

右图： 这是由上海偏建设计公司（SKEW Collaborative）改造的一处上海弄堂老屋。原屋建于20世纪30年代。改建后的前后入口门道由木制小道和马赛克石块小径组成。其中，石径被设计成为蜿蜒的坡道，木制小道特意设计了一块缺角，以绿化带装饰。

上图： 一条铺有鹅卵石的混凝土小径从画面深处的临街大门一直延伸至画面右方的房屋入口，小径外侧的围墙由竹子和木板建造。

左图： 这所位于日本东京的房屋由极具触感的材料（混凝土、木材、泥灰岩和手工纸）建成。入口小径侧面蜿蜒曲折，勾勒出一个微小的条状花园。花园里新近栽种了一棵日本红枫。房屋的门及其他木材表面都用墨染黑。

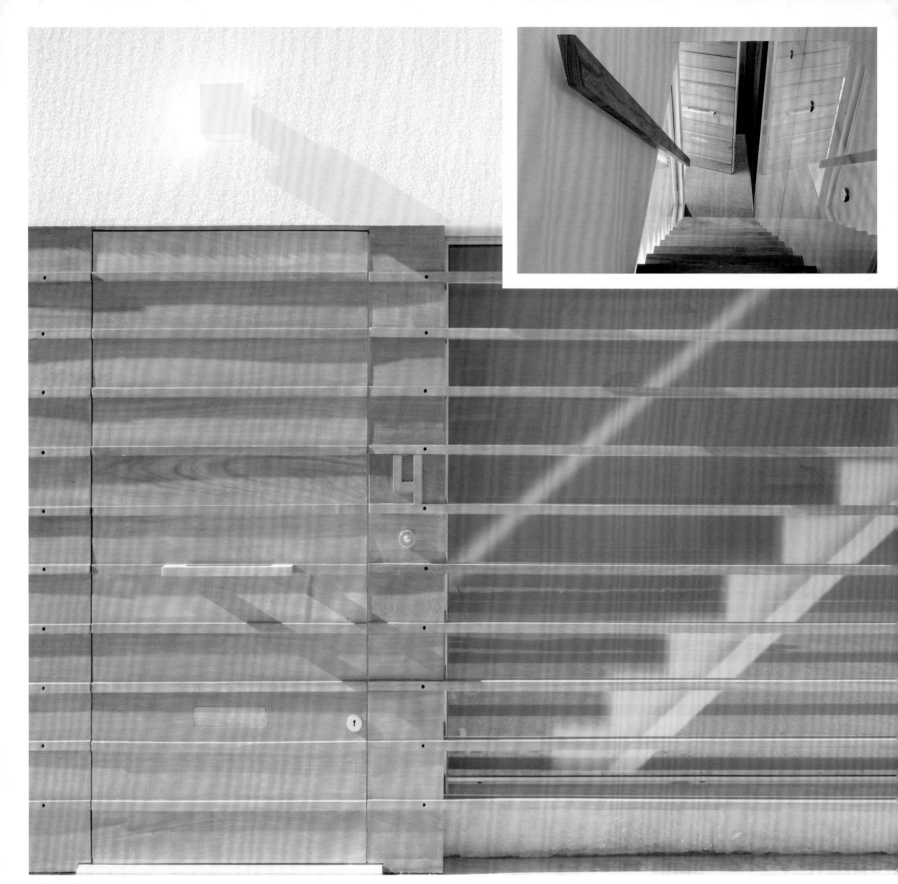

连接门道

最左图：这座伦敦马厩式洋房的门面由建筑师伊恩·钱（Ian Chee）设计，横向木板组成的墙面降低了前门的存在感，使门与墙融为一体。

左上图：从楼梯上方向下俯视时看到的景象。

左图：这座位于上海苏州河沿岸的老仓库始建于20世纪20年代，后由台湾著名设计师登琨艳改建。建筑师保留了原来的铁门，对铁门只进行了清洗，但未翻新。

下图：简单的格子栅栏式外门极大减少了房屋入口的存在感，使竹子成为房屋门面的焦点。

右图：这是位于美国加州圣莫妮卡的墨西哥著名女演员朵乐丝·德里奥故居（Dolores del Rio House）的住宅入口。该住宅由米高梅艺术总监塞德里克·吉布斯（Cedric Gibbons）于1931年设计。入口具有浓郁的装饰艺术风格。

左下图：一座位于上海的现代化住宅入口内部的镜面门。

右下图：这座位于美国新墨西哥州圣达菲的院落，夯土围墙爬满了维吉尼亚爬藤，为院子入口营造出柔和多彩的氛围。

左页图：
从左上图顺时针排列：
这座日本住宅，简洁的白色木制推拉门与黑色木头墙形成鲜明对比。

两根不同品种的竹子使得灰白色的住宅入口多了一分生机。

这座日本房屋的全部外表面都包覆了一层电镀铝，镀铝门和舷窗延续了这种半工业化风格。

房屋采用了带有镂空网格的木门，门口栽种了一棵日本枦树。

暗色木门的两侧加装细条玻璃，这种做法在确保隐私性的同时也使室内增加了光照来源。

木制推拉门打开之后展现出后院小花园的景色。

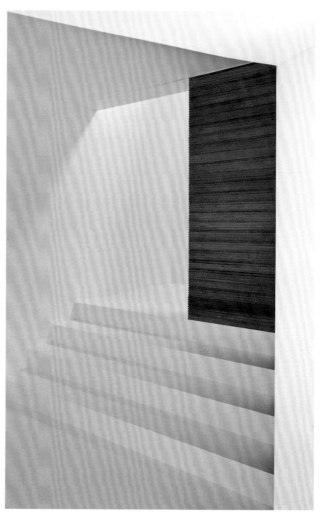

左上图：位于印度德里的别墅内景。该建筑由普拉蒂普·帕塔克（Pradeep Pathak）设计。悬空楼梯是该建筑的一大特点，它更加凸显了室内多层连接的特色。

最左图：住宅在改建时，建筑师新奇地将楼梯换成了内部带有光源的玻璃台阶。

上图：为了达到极简效果，除一面木墙之外，室内所有表面都被涂成了亮白色。

左图：房间虽然空间有限，但还是开出了一条陡峭的金属楼梯通向卧室。

连接台阶

上图：楼梯是由用粗凿的木头建成的。最下一级为一块三角形的木头，上面搭上一块木头形成缓坡，代替传统的台阶。

右上图：房屋位于印度艾哈迈达巴德，由阿尼科特·巴格瓦蒂（Aniket Bhagwat）设计。凸出的石板组成了简约的台阶，通往屋顶。

右图：印尼著名珠宝商约翰·哈迪（John Hardy）位于巴厘岛乌布的居所。用可回收木板建成的台阶向下通往花园。

下图：一栋位于上海的原法租界别墅，始建于20世纪20年代。在对这栋建筑进行修复时，设计师肯尼斯·格兰特·詹金斯（Kenneth Grant Jenkins）采用了帝家丽（de Gournay）中式手绘墙纸。

右图：由美国著名建筑师弗兰克·劳埃德·赖特（Frank Lloyd Wright）于1917年设计的洛杉矶蜀葵屋（Hollyhock House）的入口。入口处的侧面墙壁呈阶梯状，并稍有倾斜，赋予了这栋建筑纪念碑般的质感。

连接门厅

左图：由日本建筑师前田纪贞（Norisada Maeda）设计的独树一帜的枕头形牧羊犬楼（Borzoi House）。该建筑入口处的曲线设计与整栋楼相得益彰，从卧室也可直接看到。

右上图：这栋房屋的入口门道由铺在黑色鹅卵石上的方形混凝土踏脚石组成。此为日本建筑师川口通正设计。

右下图：室内场景与上图处于同一栋建筑中，奶油色墙壁上高高挂起的装饰画使得门厅多了几分存在感。

最右图：台湾著名设计师登琨艳的工作室，由多种质感的材料建造而成。建筑师在通往巨大推拉门的走廊一侧的墙壁上，开了一扇圆窗，使人联想起中国传统建筑里的月门。

连接楼梯

上图：一条倾斜的支托钢梁为木制台阶组成的楼梯
提供了支撑。

34—35 页图：建筑师彼得·奥特肯（Peter Oetken）
将这栋原为四层的小楼改建成为每层层高都不相同的
八层建筑。改建后，建筑里的楼梯是现场制作的。这些
楼梯将不同楼层和房间连接成有机的整体。

右图：此楼梯台阶是由钢丝网嵌在钢槽中制作的，
上面垫有钢化玻璃脚垫。

下图：这些黑色木制楼梯台阶的支撑力来自上端吊
在房顶的白色拉杆。这些拉杆实为金属材质，但带有
塑料涂层，体现了极简主义风格。

右图：楼梯台阶的支撑来自于一条之字形曲折的拉
丝钢板。

上图：房间屋顶挑高，高度为正常房间的两倍。楼梯位于房间一侧，通往沿两面墙凸出的木制阳台。

右图：对折楼梯夹在两堵混凝土墙之间，楼梯台阶由喷漆金属和高抛光木头制成，楼梯一侧的半透明玻璃砖墙可透进自然光。

最右图：陡峭的梯子状台阶不但可以节省空间，而且有助于将楼上工作室与楼下的生活空间隔绝开来。

左图：位于伦敦的室内楼梯精致典雅。实用主义风格吊灯以及仿汽车镜风格的装饰镜等现代元素的加入，使得整个空间变得丰富起来。

下图：楔形木制台阶一端嵌入墙壁，而另一端并无额外支撑。

左下图：与第36页的楼梯设计相似，本图中的木制楼梯也是靠一条纵贯所有台阶的木梁提供支撑的。

上图：楼梯和墙壁都是由拉丝钢制成的。隐藏在楼梯右侧的条状光源引领来客拾级而上，进入昏暗的上一层。

最左图：墙壁和楼梯都涂有奶油色灰泥，质感粗硬。灰泥表面后来经过水磨以达到无缝效果。台阶上方天井的光源有助于使楼梯空间从视觉上得到延展。

左图：光源被隐藏在手工刨制的松木做成的假墙之后，形成了一种别样的隐藏光源效果。

左图：右侧的木制墙壁及其在左侧光亮白墙上投出的暖色影子与白漆台阶形成了微妙的对比。

最左图：楼梯被特意设计得隐秘而悠长。台阶上铺有石板，两边为抛光混凝土墙。

下图：楼梯是钢制骨架，木制台阶，但并无支撑立板。人们可以通过楼梯进入到楼下的现代日式榻榻米房间。

上图：这个狭小的三层住宅里设置了一处白漆钢制螺旋楼梯。楼梯配有扇形踏板和管状护栏。

左图：轻便金属楼梯对外开放，将人们从楼上的天桥引入楼下铺有瓷砖的院子。楼上的天桥与房屋相连，楼下的院子有一处浅浅的泳池。

右图：楼梯位于一处接待区，空间宽敞，屋顶挑高。楼梯紧贴墙壁曲线，钢制踏板一端嵌入墙壁内。

上图：楼梯的踏板由喷砂玻璃制成。玻璃踏板下方隐藏了小瓦钨丝灯。

右上图：这个位于上海一家影视制作公司内的楼梯秉承了工业设计的理念，由刷成蓝色的钢架和钢化玻璃踏板组成。

右图：宽敞的楼梯位于一处别墅内，由钢架和绿色玻璃踏板组成，上下都有光源，是别墅内景的一大特色。

左上图：楼梯的木制踏板一端嵌入墙壁内，另一端由自下而上的钢架支撑。钢架呈扁平状，式样简单。

最左图：楼梯位于一处屋顶挑高的大堂内。楼梯整体风格沉稳低调，配有管状护栏，下方还有一处水塘。

左图：这是一处由建筑师彼得·奥特肯主持改建的上海弄堂老屋。改建后的楼梯下半部分被贴上了碧莎牌（Bisazza）红色马赛克瓷砖。

上图：可推拉式钢架楼梯由两条轨道控制，其中一条轨道嵌入混凝土天花板，另外一条隐藏在木地板之内。楼梯拉出即可作为通往楼上的通道，不用时则可推入壁柜内。

右图：楼梯一侧的白色墙壁被雕出了一条内凹的扶手，在节省空间的同时也突出了极简效果。

连接走廊

最左图：走廊位于上海浦东一处充满当代气息的四合院内。走廊的设计融合了三种具有对比性的质感：大理石墙面、玻璃以及竹林屏风。

左图：设计师在图中室内一堵厚重的未抛光混凝土墙壁中间开了一个硕大的圆孔。圆孔中间斜贯一条混凝土梁，为一侧的楼梯提供支撑。

下图：玻璃门外的竹竿与走廊墙壁的颜色相呼应，使室内景观增加了质感。

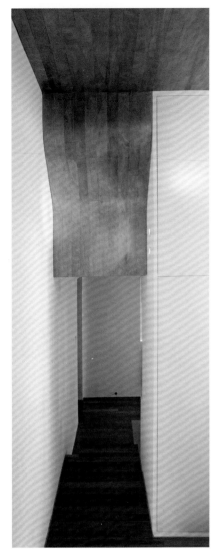

上图：波浪曲面木制天花板与同样材质的地板和楼梯相呼应。

右图：由钢化玻璃地板和玻璃墙构成的走廊，将一楼空间连接起来。

最右图：一处内部凿有壁龛的半圆形门厅，并有一条走廊连接。门厅和走廊都由混凝土建成。表面因日本称之为"斫"（hatsuri）的手工雕琢方式变得更为粗粝。

右页图：
从左上角图顺时针方向：
为节省空间，设计师在一处极为狭小的住宅走廊下边设计了地板舱。

假吊顶和嵌灯的运用使得走廊看起来比实际长得多。

天花板中空的凹陷正好可以用作灯槽。

入口走廊两侧装有玻璃的百叶窗。

50—51页图：

左图： 抛光混凝土、混凝土浇筑模具以及喷砂玻璃，在这条大堂入口的走廊里出人意料地形成了有机的整体。

中图： 在这条位于半地下室的走廊里，所有表面都被涂成了亮白色，这使得室内非常明亮，即使走廊深处也有充足的光照。

右图： 这条位于楼上的走廊，通过多种光源的运用，例如玻璃地板中嵌入的向上光源，营造出一种无影的效果和失重的感觉。

连接地板

左图：日本传统的黏土屋顶瓦被建筑师出江宽（Kan Izue）用来铺在地面上形成各种图案。地面上先紧凑地铺上一层砾石，然后将大部分瓦片底部朝上嵌在砾石里。

上图：深灰色的鹅卵石被随意嵌入混凝土地板里，与旁边圆形花圃里的白色鹅卵石相呼应。

上图：这是一间茶室的入口，高度不一的花岗岩石块铺就的地面形成了起伏的波浪曲面，为空间增加了动感。

右上图：一处住宅门前的地面上被嵌入了鹅卵石、彩色瓷片和玻璃片。

右上图：同样是用日本传统屋顶瓦组成的地面图案。但较上一页的图案更为简洁，也没那么规整。

右图：工业用防滑铝板的加入，使得客厅地面又多了一层质感。

最右图：大堂地板采用了抛光的石板。光亮的石板对周围景物的映射，使得室内空间的纵深感得以延伸。

上图：位于日本京都附近的一处周末度假别墅中，日本设计师木原千利（Chitoshi Kihara）采用了淡色原木与房子周围的树林相呼应。

左图：这间位于地下室的书房被特意设计得光线幽暗。暗色抛光木板的使用为房间增加了厚重感。

最左图：这是日本建筑史学家藤森照信（Terunobu Fujimori）居所的内景。传统的木地板由手工劈砍的木板组成，其间遍布大小不一的裂缝和裂痕，裂缝中填有白色灰泥。

由左至右：
方形镜片被不规则地嵌入地面中。

中式老砖头在泰国清迈一家酒店被重新用来铺地。

大理石瓷砖组成几何图案。

孔雀石碎片。

由左至右：
旧铁道枕木被切成小方块，将有年轮的一面朝上铺叠成地板。

日式榻榻米垫子铺就的地板，但没有传统的布包边。

由蝴蝶榫连接在一起的热带硬木板。

DIVIDE
分割

分割亦即连接。相对于西方，中国和日本因其建筑传统而更容易理解和接受这种生活空间里存在的本质上的模糊性。屏风、窗户、隔墙，甚至窗帘和百叶窗，这些用来封闭或分割的元素，它们同时在实质上或仅从视觉上也起到了连接空间的作用。

这种双重功能性被"内外交融"这一亚洲建筑理念所强化。我将在下一章详细讲述这个理念。它的关键就是：不对建筑和与其连接的院落或花园间的界限进行定义。在本章里，我将强调由不同材料制成的各种建筑元素的分割作用。

因为建筑里起到分割作用的元素之间存在细微差别，所以我将它们细分为墙壁、隔断、屏风、百叶窗、窗帘，以及最明显的门和窗。在本书的一些案例里，你可能会发现某些元素同属上述分类中的两种或多种。例如，打开后将室内空间与室外露台连通的落地窗，以及取代墙壁的窗帘。毫无疑问，这种模糊性鼓励了建筑师和设计师们大胆尝试使用新材料，尤其是透明和半透明材料，这在本章展示的当代设计案例中都有体现。

隔墙和屏风的使用反映了另一种轻便和灵活的亚洲生活理念。这种理念又影响了人们对空间的使用，即创造了一些容易打开和关闭的室内空间。关于如何将这些可移动室内分隔物的影响降低至最小，或者不用的时候干脆就隐藏起来，本章中一些案例也提供了解决方案。木框纸质屏风的使用传统仍然在延续，但材料则升级为玻璃和塑料。还有一些有创意的设计师们在室内分割上采用了更有意思的原创材料。其中包括聚丙烯纤维网、细锁链、聚碳酸酯塑料膜、石膏以及喷枪烧焦的木头等。

　　此外，建筑师和设计师在对室内空间进行分割时，除了选择一些非常规的材料，在这些分割元素的形状和功能上也发挥了原创性。例如，在本书中出现的一处公寓里，房主在墙上而并非窗户上悬挂了窗帘，目的是使室内空间更柔和；而在京都一处住宅里，日本建筑师玉置顺（Jun Tamaki）采用了一套白色聚酯纤维窗帘，作为在一个白色大正方体空间内随时变换布局的工具；在另一处公寓里，建筑师出身的房主在室内设置了一道用泥土、稻草和金属网筑成的曲面内墙，这道墙又与室内空间融合成为统一的整体。我们还发现，甚至收藏的艺术品或摆放的其他物品，也同样可以起到分割室内空间的作用。

分割墙壁

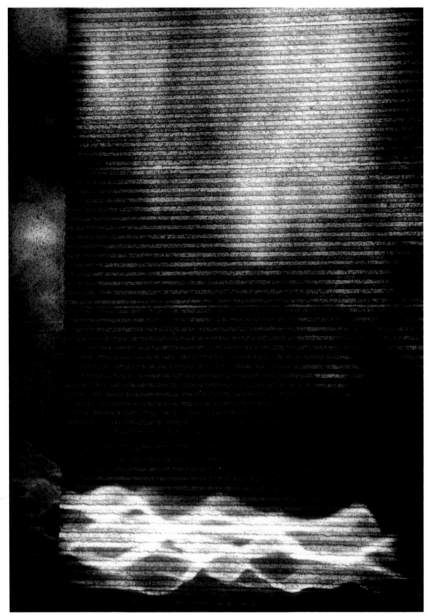

上图：天花板顶灯向下照入地面的浅池中，形成浮动的波浪光纹。光反射在墙壁上，为原本毫无生气的密肋墙增加了几分动感。

左图：带有浇筑框架痕迹的混凝土、木材以及石片等多种不同质感建材的使用，是这间开放式客厅的最大特点。位于客厅中央的石制壁炉和烟囱，也起到了分割空间的作用。

上图：日本建筑师川口通正设计的一处位于东京的建筑。建筑的混凝土内墙通过日本称之为"研"的手工凿錾的方法表面变得更为粗糙。

左上图：内墙由未抛光的混凝土建造，浇筑模具是木条构成。

左图：这是新加坡一处住宅的入口。手工切割的中国花岗岩石块砌成的外墙，尤其是石块之间倾斜的接口，使人联想起秘鲁古印加帝国的石制建筑，只是这里的石块薄了很多。

右上图：餐厅的一侧竖立着一排与墙同高的壁柜，柜门贴有一层精致的木皮。因为采用按压式开关并无门把手，整排柜门看起来像一面简单、自然的内墙。

右图：餐厅由印度建筑师拉吉夫·塞尼（Rajiv Saini）设计。内墙材料选用薄砂岩石片（砂岩因价格低廉而成为印度很受欢迎的建材），一侧墙壁上的金属敲花图案是后加的。

最右图：设计师在对这处建于20世纪30年代的上海公寓的改建中，将最初建造时采用的砖头直接暴露了出来。

上图：泰国A49建筑师事务所（A49）设计的一处
曼谷建筑的入口。一侧墙壁采用光滑如镜面的抛
光花岗岩石板，这与里边的玻璃墙面形成了自然
平稳的过渡。

上图：东京一处普通写字楼顶层的一间"土屋"。墙壁由泥土混合稻草建造，边缘曲折蜿蜒，不时还有不规则的金属丝网出现其上。

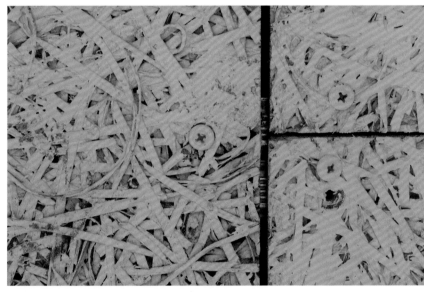

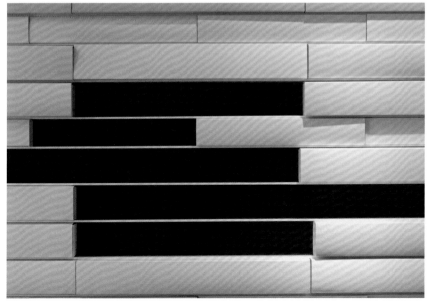

上图：用花岗岩石块手工堆砌的墙壁。

右3图由上至下：
半透明的聚碳酸酯塑料薄板被钉在交叉的两条木梁上，作为墙板。

卡纸条被压紧变成硬块，并刷上白漆，由此变成了轻便隔音的墙板。

不同颜色的纸做成的盒子，被当成砖头一样砌在这堵墙的外侧。

右页图：
左上图：建筑由日本三币顺一建筑事务所（A.L.X.）设计。黑漆木条组成的幕墙包裹在建筑的周围，并与隔壁的全白色日式传统仓库形成强烈的对比。

右图及左下图：日本建筑师玉置顺在设计这所大阪的住宅时，借用了日本传统的防火防蛀措施：用喷枪将住宅周围高大围墙的雪松木板都喷了一遍。

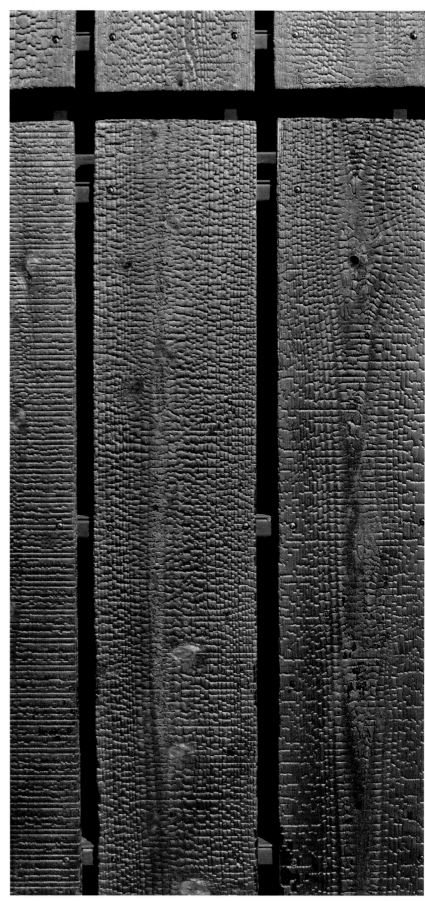

由左至右：
日本建筑师生山雅英（Masahide Ikuyama）设计的位于日本宝冢的一处建筑外包裹着一层锁链编织的覆层（左图和中图），起到了幕墙的效果。

图中的木制墙板被稀释过的墨汁浸染过。

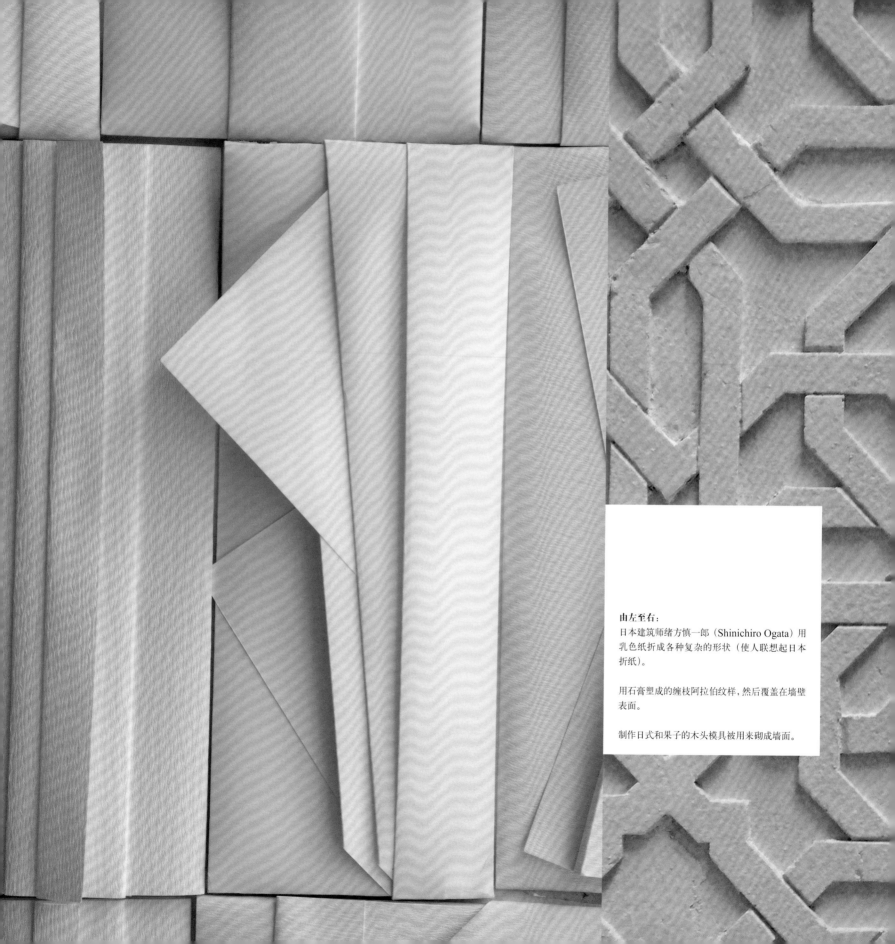

由左至右：
日本建筑师绪方慎一郎（Shinichiro Ogata）用乳色纸折成各种复杂的形状（使人联想起日本折纸）。

用石膏塑成的缠枝阿拉伯纹样，然后覆盖在墙壁表面。

制作日式和果子的木头模具被用来砌成墙面。

由左至右：
手工鏨刻的花岗岩贴片；木头墙板，接缝处填有白色灰泥；竹条编织的垫子；涂成不同色度的红色的多层纸片。

分割隔断

上图：在这处公寓里，日本建筑师前田纪贞选用了玻璃墙壁，这使室内空间形成了既分割又统一的效果。图中的玻璃墙圈出了一个六边形的采光井。

左图：在这座由日本建筑师山口诚（Makoto Yamaguchi）设计的多边形乡村度假屋中，由地板至屋顶的玻璃墙，将斜面天花板分割成不同的部分，并与之产生互动。

左页图：

上图：通过移动前后覆盖有伸缩纸的推拉墙板，可以打开或关闭书房。

左下图：这是设计师JinR北京公寓的更衣室，室内更衣镜上的两条对角切割线起到了视觉上延展空间的作用。

右下图：三扇可在中央位置（如图）合成一片的木制推拉墙板控制着图中所示房间、房间前平台，左侧的走廊，以及右侧楼梯的入口。

左图：由竹片编织而成的板材在中国通常被用来制作混凝土浇筑的模具。在本图中，日本设计师坂茂（Shigeru Ban）却用竹条覆盖在建筑预制墙板上。

左下图：住宅前后的横梁可为推拉墙板提供支撑力。这些横梁，就像图中里视线最近的这根，也可以被卸除放入壁柜中。

上图：日本建筑师铃木敏彦（Toshihiko Suzuki）改建的一套小公寓。公寓内的水管和下水装置完全暴露在视线之内。卫生间隐藏在一堵金属管组成的曲面幕墙之后，金属管上覆盖有起褶的聚碳酸酯塑料膜。

上图：设计师筑起两堵低矮的曲面内墙，在客厅的中央圈出了一间书房。墙壁上部呈台阶状，且非常宽厚，可用作吧台及储物架。

左图：在这处开放式住宅里，可站立、自由调整位置的木制墙板将室内空间分割成不同的功能区，非常适合亲密的小家庭。

分割屏风

上图：美国加州著名的埃姆斯住宅（Eames House）在一二层之间的夹层设置了推拉墙板，借鉴了日本建筑理念。

左图：在巴厘岛的住宅里，建筑师伊恩·钱选用了乳白玻璃作为推拉墙板的材料。

最左图：现代版的日式推拉宣纸屏风，只少了传统的木制夹板。

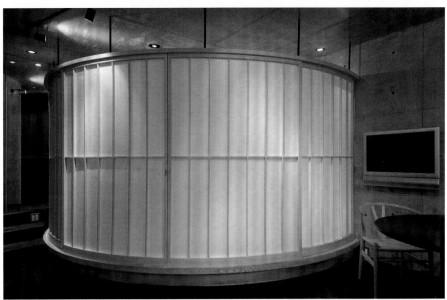

左图：该建筑由日本建筑师前田纪贞设计。白色网状塑料屏风既轻便又能确保建筑内部的私密性。该建筑被称为"封塔纳宅"（Fontana House），以纪念因刀痕画布闻名的意大利画家卢齐欧·封塔纳（Lucio Fontana）。

上图：建筑师在建筑的玻璃外墙之内，沿客厅周围加设了一层可推拉的宣纸屏风墙。

右图：在日本建筑师川口通正设计的这个屋中屋里，当地一位匠人手工制作了图中的曲面宣纸屏风墙。

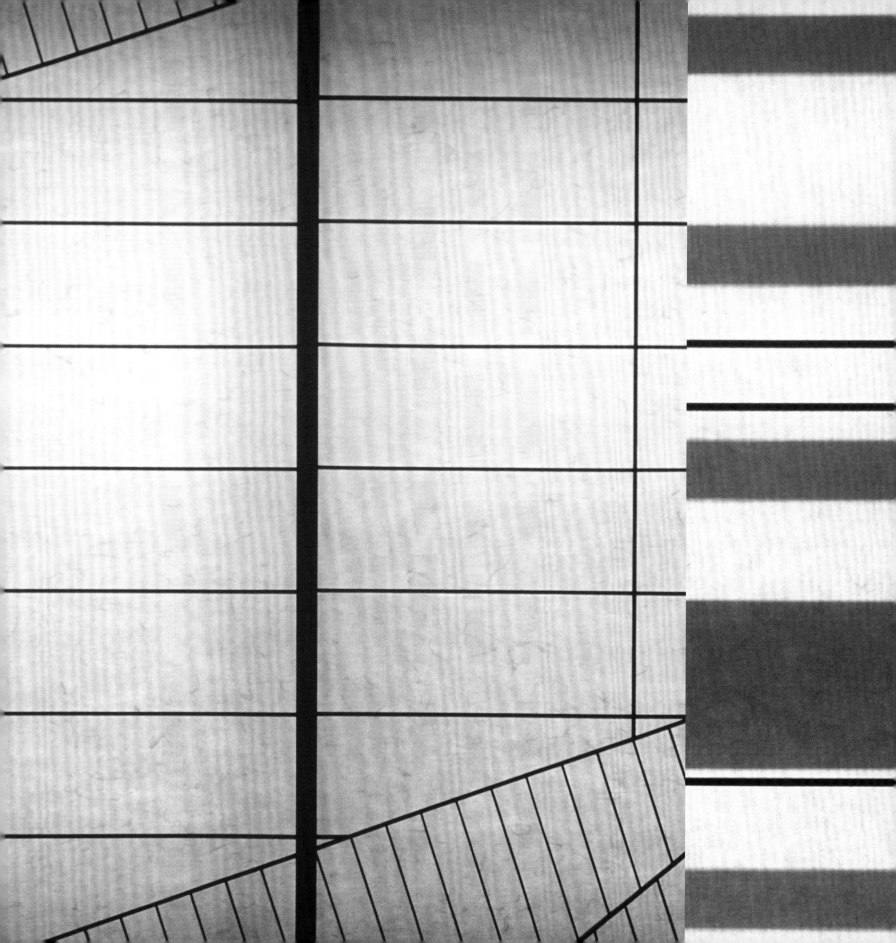

上图：为了加强空气流通，印度建筑师比乔伊·杰恩（Bijoy Jain）在他孟买附近的工作室里选用了细孔聚丙烯纤维网建造外墙。这种材料传统上主要应用于农业，用来为农作物制作遮阳网。

左图：木制框架的前后都被糊上了一层纸，因此更像屏风了。

右页图：

上排由左至右：
手工绞制的塑料绳织成的网，覆盖在玻璃屏风的表面。

木板上被钻出多个孔，每个孔的背面都覆盖上刷有蓝漆的材料。在所有孔内设置了光源，所有光源都打开时会形成一种三维装饰效果。

日本建筑史学家藤森照信在他设计的楼梯侧面透雕出了一个带有胡须的小猫头像。

下排由左至右：
采用了细格木夹板的屏风变种。

一个将房间一分为二的木制屏风上开有多处方孔，每个孔里都有十字形木板装饰。

金属框架里装有垂直木板，上下两行交错排列。

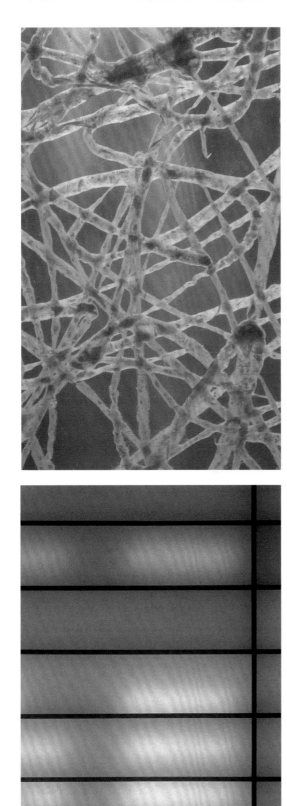
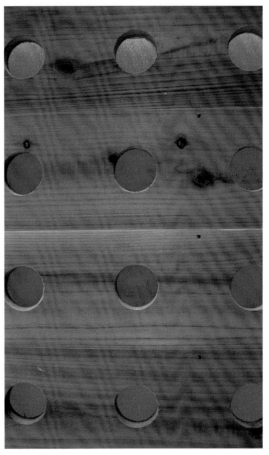
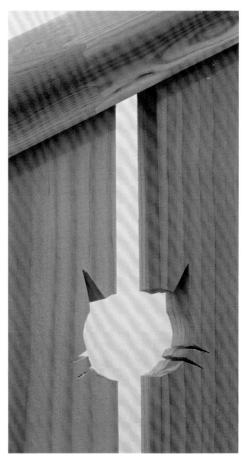

分割展示架

上图：位于伦敦的餐厅里，摆放着两件荷兰设计师马丁·巴斯（Maarten Baas）的作品。一件是他的作品"烟"系列里的烧焦的边柜，另一件是他随后的作品"黏土"系列里的边架。

左图：位于印度斋浦尔（Jaipur）的一处公寓里，靠墙而立的展示架由胶合板构成，开口被设计为印度传统的尖头拱门形。

最左图：著名艺术家隋建国在北京的居所里，入口处摆放着一张中国传统的条几，上边陈列着他著名的"衣钵"系列作品。

左图：边缘隐藏的光源打开时，将图中的壁龛变成了展示区。

下图：日本设计师内田繁（Shigeru Uchida）设计的后现代主义风格木制壁柜。壁柜用来盛放收藏的瓷器，柜门中央开出了一扇小窗，即使柜门在关闭的时候也可有对外展示一件瓷器。

最下图：在印度建筑师拉吉夫·塞尼设计的这处位于孟买的公寓里，一尊白色大理石耆那教塑像立于鲜红色背景墙之前，被用来充当身后白色展示架的分割线。

上图：在这间由日本建筑师绪方慎一郎设计的日本甜品店里，画面左边的墙壁由木盒堆砌而成，右边的墙板为日式折纸制作而成。

左图：日本建筑师爱德华·铃木(Edward Suzuki)设计的展示壁龛。顶部灯光由上而下照耀，半透明的展示架下方也设置了光源。

最左图：印度建筑师拉吉夫·塞尼设计的嵌入式壁龛，其内壁装饰有手绘图案。

分割门

100

左图：设计师在地下室的厨房与室外的小露台之间设置了一扇旋转门。

最左图：这套既可旋转又可推拉的木框玻璃门，由分别嵌入地板和天花板的两条轨道控制，这种设计使处于室内的人们能够畅通无阻地欣赏露台外的海景。

下图：木门的旋转轴心是通过墙壁嵌入的，因此，这扇门在打开时显得非常轻盈，而且看起来似乎没有用任何支撑即可站立。

上图：在设计师钟亚铃上海浦东的公寓里，卧室门的设计借鉴了中国传统的月门。

左图：因其既能透光，又能节省空间，传统的日式木框宣纸推拉门在当代住宅设计中多有应用。

上图：刻有传统中国字的厚重木门与拉丝金属门侧并置在一起，形成一种奇妙的组合。

左图：这处台湾人的住宅里，墙壁和门上架设的水平木条使房屋内壁产生了一种连续性。

上图：带有舷窗的金属门延续了整个影视制作公司办公区域的工业设计风。

右图：在这间印度德里的公寓里，黄铜焊接成的超大号钥匙组成了入口处的两扇门。

分割门把手

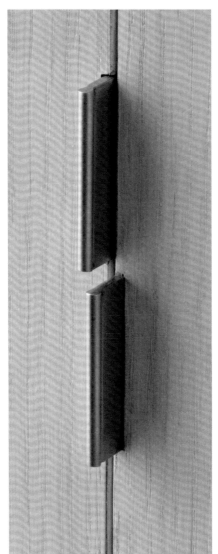

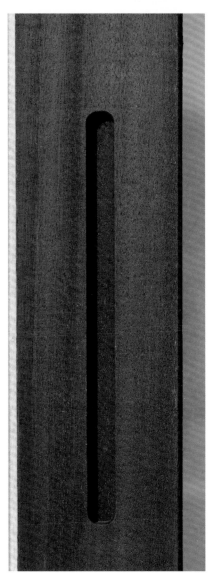

上4图由左至右：
传统日式宣纸推拉门上，使用带圆孔的木板作为门把手。

建筑师伊恩·钱设计的鹅卵石形状的门把手，选用了抛光金属材质。

金属片被嵌入壁柜推拉门的一端充当把手。

同样在一扇推拉门上，把手是一条可同时容纳几根手指的凹槽。

最左图： 抛光金属细把手与乳浊玻璃门形成绝妙搭配。

左图： 吊牌形状的皮革条被螺丝拧入推拉门的一端作为把手。

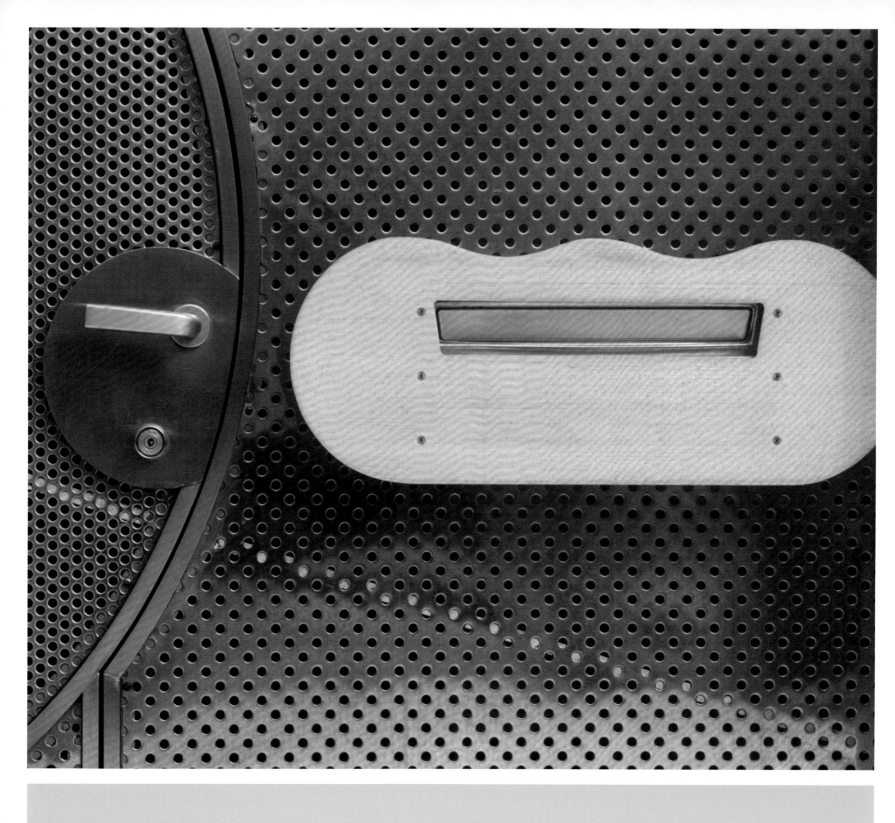

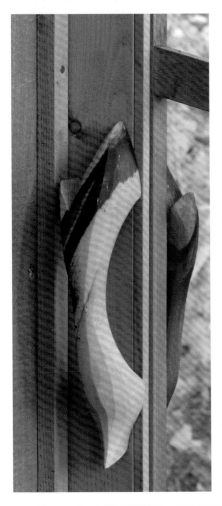

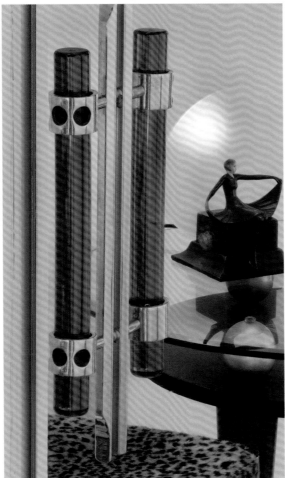

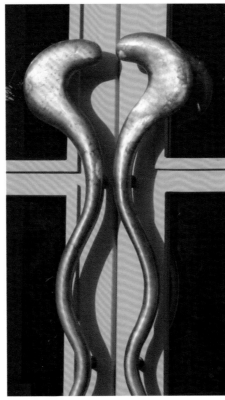

从左上图起顺时针方向：

门把手采用了一截几乎没有经过任何加工的树枝，透看浓郁的乡村风情。

红色玻璃和不锈钢组成的装饰主义门把手，与现代主义风格的大门形成了绝妙组合。

芬兰一处乡村住宅周围树林里的户外厕所门，门把手为随手捡到的一截树枝。

现代风格的门把手，其形状设计来自于印度神话中的蛇神形象。

这两扇位于印度的门装饰有凹面花纹，配有手工制作的黄铜把手。

左页图：门把手是这扇定制的穿孔钢盘门不可分割的一部分。

分割窗

左图：伦敦樱草丘（Primrose Hill）的乔治亚宅邸（Georgian House）里，移除上下滑窗最初的遮光板，将其背后的木头材质展现出来，这使得这栋古老的建筑呈现出一种现代风格。

上图：房间一角的窗户使得人们在卧室和书房都能欣赏到设计师精心设置的花园美景。

右图：深陷于厚重墙壁的三扇窗户，其形状和位置都经过设计师的反复考量，达到了最佳视觉效果。

上图：伦敦一处位于一二层之间夹层的卧室。这间卧室充分利用了屋顶两扇天窗。

左图：这间半隐藏式的私密书房有一扇天窗、一扇侧窗，而且还有一扇"地窗"。

上排左图：图中为本书第90页出现过的"封塔纳宅"。曲面玻璃窗汇聚相交，圈出了一个梭子形的室内院。整栋建筑里有多处类似的院子。

上排右图：在"封塔纳宅"的一楼，所有窗户在面向院子的一侧都有出口。

左图：在建筑师伊恩·钱设计的伦敦马厩式洋房内部，折叠式窗户的设置使厨房、客厅与露台之间畅通无阻。

上图：日本建筑师佐藤浩平（Kohei Sato）设计的椭圆形木框建筑。建筑周围有一圈落地窗，被垂直的木板隔出多个小窗。

上图：餐厅的曲面落地推拉窗在拉开时，窗户的一部分会悬空在街道的上方。这种设计模糊了私人空间和公共区域之间的界线。

右图：日本某山顶住宅的曲折落地窗设计，并搭配了百页窗帘。这种设计在方便房主欣赏室外美景的同时，也便于他们在落地窗的曲折处摆放装饰物。

下图：此小型住宅临街一面并未设置任何小窗，唯一的内景通过一条狭小的凹进去的入口展示出来。该设计将房屋背面的无窗效果进行了夸张。

上2图及右图：这三幅图展示的场景位于日本建筑师川口通正设计的同一处住宅里。为了向室内展示室外某个特定区域的景物，设计师特意增开了三处透窗：一处为上图的狭长竖条形窗；一处为右图书房的水平长条窗；一处为右上图中走廊一侧墙壁的高窗。

上图：洗手间的一侧墙壁开出了一扇方形小窗，将室外的极简露台框成了一幅静物画。

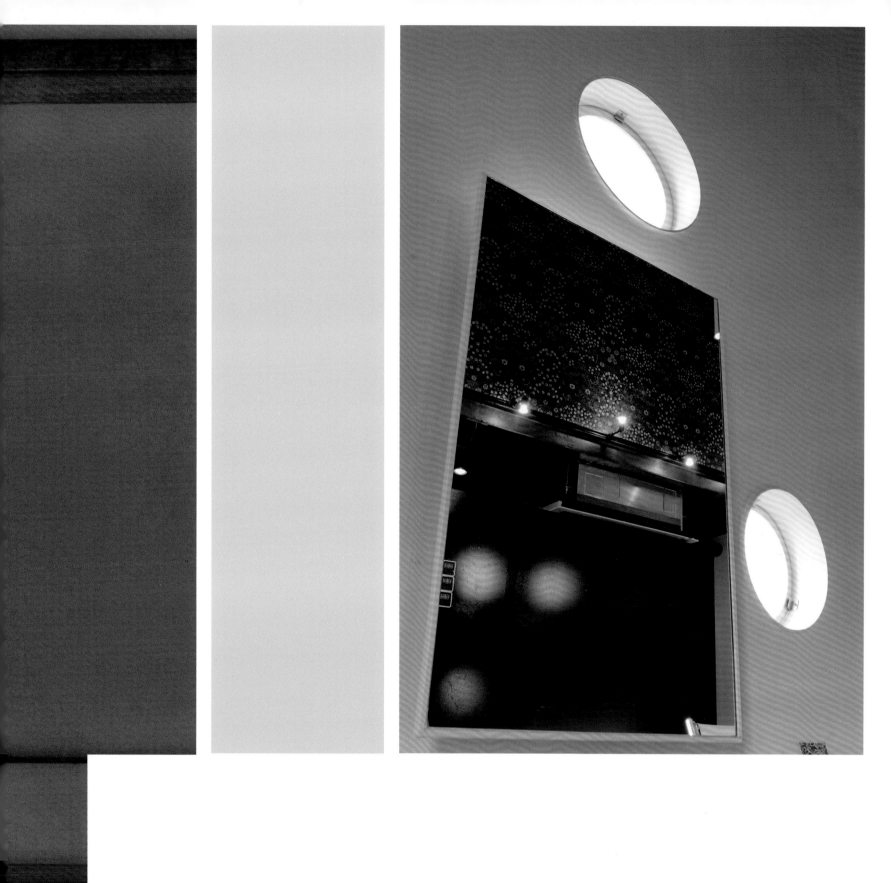

左图：大阪的一处住宅内墙开出的 扇圆窗，正对着室外春季绽放的樱花树。

上图：图中两扇舷窗不对称地分布在大镜面两侧。

上排左图：带有竖条窗棂的圆窗，覆盖了一层半透明的织物窗扇。

上排中图：苏州园林的传统花窗，窗棂由石板透雕出几何图案而制成。

左上图：美国西南部旧时常用薄云母片作为窗扇。

右上图：彩色玻璃窗使人联想起教堂的花窗，能给人带来内心的平静。

上图及右图：用透明树脂手工制成的小窗，一侧带有凸出的方形窗架，可用作背部带有光源的展示架。

上图：一堵并不常见的室内土墙上，粗略地开出了多个大小不一的不规则圆孔窗，并嵌有铁丝网。

分割百叶窗

上图：天花板至地板的两扇布卷帘，将楼上的卫生间、卧室与楼梯平台隔绝开来，让人们根据需要选择性地圈出私密空间。

左图：全金属房间的落地窗配备了三扇半透明垂帘，以此来控制室内可见的室外风景。图中展示的是室外的竹林一景。

上图：日本建筑师小泉诚（Makoto Koizumi）设计的"9坪邸"，以日本建筑面积计量单位坪命名。建筑背面四面窗的每一面都配有半透明玻璃推拉窗帘和宣纸推拉窗帘，可形成不同的排列组合效果。

上图：乡村风情的竹质卷帘在卷起时可让室内的人畅通无阻地欣赏室外的森林美景。

左图：在图中的木房子里，交叉的两条木窗棂，覆盖上半透明的白色织物，形成了一扇独特的窗。

上图：密集排列的钢制链条组成的幕帘，将图中的屋顶挑高的客厅与房屋其他部分的一二层的夹层区域分割开来。

分割窗帘

左图及下图：日本京都的建筑师玉置顺在自己设计的住宅里，采用了白色聚酯纤维幕帘作为他根据心情改变室内空间的工具。在这些幕帘的作用下，建筑师住宅的室内空间既可以开放通透，也可以在保证光照的同时密闭私密。

上图：身为餐厅和俱乐部老板的JinR，在她的公寓卧室里选用了白色挂帘。这种简单的方式使平淡的空间变得柔和起来。

右上图：艺术家克里斯·库克（Chris Cook）在房间的墙壁上贴满了不同色度的红纸。这使得墙壁具有了层次性。

下图：日本建筑师坂田晃一（Koichi Sakata）在房间中央悬挂了一圈白色薄尼龙挂帘。窗帘拉上时即可在客厅中央立刻圈出一块私密的就餐区域。

右图：绿色的落地垂帘使得这个原本装饰平平无奇的房间有了明确的主色调，同时也使人们更容易注意到房间背后的森林美景。

分割天花板

132—133 页图：

左图： 东京的建筑因为要考虑遮光性，所以通常会选用与图中类似的斜屋顶。日本建筑师石田敏明（Toshiaki Ishida）在他设计的斜屋顶上采用了灰色水泥板，使得室内呈现出别样的特色。

右图： 室内空间从地板到墙壁，再到顶梁和天花板，都被未染色的原木所占据。

左图： 天花板上悬挂的一排排手工纸，以及墙壁上的嵌灯，都为餐厅营造了柔和的氛围。

右图： 客厅拱顶由胶合板搭建。这种方式既经济实用，又能为室内空间增加一种温暖的色调。

上图：泰国芭提雅的一处建筑里，瓦片屋顶由涂漆的钢制梁架支撑，这是对传统泰式屋顶的现代诠释。

右图：在天花板上的木板中间空隙处填满了黑色竹竿，为天花板增加了额外的支撑。

最右图：日本手工纸卷成卷排列在一起，上方架上钨丝灯。这形成了极具特色的假吊顶。

右页图：在北京一家俱乐部地下室的普通水泥天花板上悬挂着喷了漆的树枝，为室内空间增添了异域风情。

SPACE
空间

当代室内空间设计呈现出两种主要发展趋势。从表面上来看，这两种趋势在朝着相反的方向发展。趋势之一是室内空间变得更加开放。这在对一些带有小露台或LOFT的老房子，又或者对半工业化厂房、仓库的改建方案中尤其明显。

另一种趋势则是越来越多的人倾向于在室内开辟出一些仅供进行某一种活动的专属区域。事实上，这两种趋势都是人们生活方式发生转变的结果，尤其是在城市和大都市地区。尽管这两种趋势中，一种意味着生活空间功能的模糊化；另一种则强调对日常活动进行更明确精准的定义，但它们并不一定是对立的。

之所以有很多人选择拆除家里的内墙、将自己家变成一个更大的开放式空间，是因为越来越多的人们认为至少吃饭这件事可以不用像过去那样正式，吃饭的地方也可以更灵活。例如，在客厅也可以吃饭。这种转变带来的最明显好处之一就是室内空间变大了。当然，在开放式和隔离式室内布局之间还有一种有效的折中方案。这就需要借用一些亚洲的建筑理念和发明，比如屏风之类可轻便移动的室内分隔物。另外，随着城市里房价的不断上涨，很多人迫于经济压力，不得不选择价格较理想的、面积更小的住所。这时，任何能够增加室内空间感的策略都会备受欢迎，而最直接有效的方案就是开放式空间设计。

与此同时，越来越多人会在家中进行一些需要集中精力的活动。随着宽带上网的普及，在家办公的人数出现了突飞猛进的增长。很多人因为家中空间有限，工作区需要在时间或空间上与别的功能区共享，于是催生了在家中设置工作区或书房的需求。除此以外，即使你确实不需要一个真正的工作区，但电脑和周边设备等在任何

一个现代家庭都必不可少的设施，总需要空间来安放。我把这种宽泛定义的书房区称为"安静区"。这个空间是用来隔绝喧闹匆忙的日常活动而设置的，是你可以进行沉思冥想的区域。这目前还是比较小众的观念，但也正在受到越来越多人的认可。另外就是，娱乐的性质正在发生改变。客厅里摆放钢琴的时代已经一去不复返了，尽管这有点让人遗憾。随着电视、影音播放机、视频游戏等设备的更新换代，以及大屏幕器材的价格越来越亲民，一大批人选择在家中设置家庭影院来作为自己的休闲空间。

我们在上一章看到，内外空间的相互交融这一理念催生出了一种新的空间——城中花园、露台、阳台和院落。在城市里，住宅外即使有不足一平米的绿地都是一种奢侈，因此，不管这些空间的面积有多小，它们也能有效地提升人们的生活体验。有一小块可以劳动的室外空间，能帮助人们更好地集中精力从事别的活动。这在本章中一些小阳台的案例中就能说明。

空间客厅

上页图：客厅所处的房屋位于日本宝冢。整栋建筑结构呈管状，像悬臂一样吊在山腰上。人们可以在这个客厅里畅通无阻地俯瞰宝冢市景。

左图：印度德里的一处农场式住宅的客厅。客厅中央的圆形茶几是房主定制的，桌子的支架由十二种木材构成。客厅一侧的玻璃墙外是住宅附属的花园，沙发身后的灰色推拉门是餐厅的入口。

右图：在上海浦东的一栋新建的大型别墅里，香港建筑师严迅奇（Rocco Yim）在挑高客厅里运用了玻璃、大理石和铝等当代极简建筑元素。客厅上方的当代风格吊灯是用扭曲的树脂条制成。

上图：在北京一处公寓的客厅里，白色为主调，茶几为大理石台面，可一分为四，一侧内墙有凹陷的壁龛，可用作电视架和书架。

左图：在上海可俯瞰苏州河的一处顶层套房里，白色和米色为主调，一排白色的帘幕将客厅与卧室分割开来。

左图：在上海一处被改建后的弄堂老房里，客厅与室外花园由一道法式玻璃门连接。室内背景，即墙面、地板和天花板，全被设计为白色，体现了装饰艺术几何风。

左下角图：图中客厅由印度建筑师拉吉夫·塞尼设计。其最大特色在于，在一侧墙壁的装饰玻璃板上绘制了各种形态的南迪（Nandin）像。南迪即圣牛，是印度教中湿婆的坐骑。位于客厅中央的茶几可一分为二，每一块桌板上都有一朵石头镶嵌的白花。

左下图：在印度吉拉特邦艾哈迈达巴德郊区的一处乡村别墅内部，主要由亮色的当地织物和地毯装饰。这使这栋当代乡村风格的建筑充满了光明与活力。

右图：客厅沙发背面设有一堵玻璃墙，墙中嵌入了两幅两面都有图案的装饰画。客厅多处采用了天然建材，例如墙壁上的宣纸、沙发上的亚麻布以及天花板上的藤垫。

下图：印度德里一处当代农场式住宅的客厅。客厅中悬挂的装饰画画框由天然石材制成。

右下图：客厅位于香港一处半山公寓，空间不大，木制书架和茶几都体现了对中国传统祥云图案的重新诠释。

左图：在伦敦一处马厩洋房改建的住宅里，抬高的客厅区域借由两级台阶与厨房及餐厅分割开来。画面左边的玻璃矮墙用于保护人们不会跌下楼梯，画面右边的折叠玻璃门将图中的整个区域与室外的小屋顶露台相区隔。

上图：这处伦敦的大型住宅的顶层在进行改建时，为了节省空间，建筑师在中间建了一间夹层卧室，卧室下方相应地开辟出一块休息区。

左图：图中住宅位于伦敦，一层的客厅非常宽敞，侧面开了两扇硕大的窗户。由英国设计师马修·希尔顿（Matthew Hilton）设计的著名的巴尔扎克扶手椅（Balzac armchair）则将图中客厅一分为二。（另外一半位于镜头之后）

下图：伦敦一间由露台改建的客厅内，不同风格家具的混搭是这间客厅的特色。这些家具包括日本设计师喜多俊之（Toshiyuki Kita）设计的渡渡鸟椅（Dodo chair）、以色列设计师阿里克·利维（Arik Levy）设计的陨石矮桌（Meteor low table）以及传统日式五斗橱。

上图：客厅位于洛杉矶"格林伯格宅邸"
（Greenberg House）内，由墨西哥建筑师
里卡多·列戈瑞达（Ricardo Legorreta）在
1991年设计建造。建筑内部天花板上的木
椽、直通画面左边（镜头之外）花园的通
道，以及充斥整个建筑内部的土黄色调，都
体现了浓浓的墨西哥风情。

右图：客厅是美国设计师彼得·布赖特维尔（Peter de Bretteville）于1973—1975年间在洛杉矶威洛格伦设计建造的住宅之一。建筑本身的汽车修理厂外形，预示了内部的工业设计风格。这种风格被室内的白色层压塑料板墙面以及塑胶壁骨强化。壁炉两侧被砌出了多级台阶，上方连接着一条钢制圆管，充当烟囱管道。

右下图：挑高客厅所处的建筑位于美国加州新港滩，建于1925年，由美国建筑师鲁道夫·辛德勒（Rudolph Schindler）设计。二层为卧室、凉台和画廊。

下图：后现代主义风格的客厅位于日本名古屋一处筒形拱顶住宅内。住宅由日本设计师内田繁设计建造。客厅占据了筒拱下空间的一半。沿拱顶中线处竖起了一堵木制高墙，集壁柜与通风管道于一身。画面左侧的玻璃门通往室外的院子。

上图：客厅位于日本建筑师隈研吾（Kengo Kuma）设计的北京长城脚下的"竹屋"。建筑多用竹竿建成，既经济实惠，又能在晴天时在室内营造出奇特的光影效果。

右图：客厅所处的建筑被命名为"影之屋"，由MY建筑工作室（Studio MY）设计。图中所示为从二层阳台向下俯瞰客厅时的场景。客厅一侧为落地玻璃门，通过玻璃门可由客厅进入室外一处小山水园。

上图：客厅位于北京市北郊一位艺术品收藏家的居所。该建筑及室内家具都由艺术家邵帆设计，图中所示仅为室内一隅。建筑坐北朝南，图中左侧墙壁设有一排玻璃窗。晴天时从窗外照射的阳光，使得本已涂成白色的室内更为亮堂。

右图：在空间十分有限的住宅里，客厅与楼梯间之间采用一堵透明的玻璃墙阻隔，使室内的人们不会产生局促感。

最右图：上海浦东的一间挑高客厅的一角。房间北面（即画面右侧）可以看到室外的铝制格栅投下的影子。

从第一排起顺时针方向：

这是设计师钟亚铃可以俯瞰黄浦江的上海居所的客厅。室内布艺家具色彩浓郁且富有对比性，与房间中央的古董地毯和茶几柜相得益彰。

客厅的地板材料选用了抛光大理石，地面光滑如镜，甚至能够反射出墙壁上悬挂的一套五幅版画和印度艺术家拉芬德·瑞迪（Ravinder Reddy）制作的雕塑头像。

中国风客厅由设计师安德鲁·诺里（Andrew Norrey）设计。他以黑色天花板搭配带有冰裂纹的深红漆墙壁，呈现出浓郁的中国风格。

著名艺术导演塞德里克·吉布斯建于1931年的洛杉矶居所中，大客厅约110平方米，选用的抛光黑色水磨石地板、与建筑融为一体的长条形软座、隐藏顶灯，以及阶梯状的挑高天花板，都呈现出高端装饰艺术风格。

下图：室内设计师顾复珍（Louis Kou）香港公寓的客厅。客厅中陈列的传统收藏品与当代风格家具呈现出和谐的混搭风。

空间餐厅

上图：取材于一棵老树的木板，经过粗略的加工后，简单地用支架支起来，形成了图中的独特茶几。

左图：北京北部的一家乡村俱乐部中，餐厅桌椅基本仿照中国传统家具风格，只是被缩减了高度。

上图：日本建筑师小泉诚设计的方形住宅里的餐厅。鉴于房屋面积仅有30平米，室内空间具备多功能性。餐厅外接的石面平台同时也起到外廊的作用。

右图：印度德里的一处别墅内，餐厅上方为通往上层的楼梯。餐桌样式简单，采用实木制造。

右图：一间简朴的日式居家餐厅。低矮的餐桌选材为樱桃木，内墙上贴有手工墙纸，坐垫也都覆盖有纸质外层。

下图：房间所处的建筑最大的特色是它的多处内部院落。两面曲面玻璃墙之间的大面积区域被主人用作客厅和餐厅。

右图：上海浦东一栋现代别墅里供主人就餐的非正式厨房用餐区。

右下图：一处小公寓内，就餐区为客厅的一部分。餐桌式样简洁，光源来自于头顶的一排投光灯。

下图：一处独立的洗手池被覆以玻璃台面，作为非正式的厨房用餐区。

左上图：上页浦东别墅里的正式餐厅，餐厅与厨房之间还设有传菜口。

左图：私密的就餐区，因一株绿色植物的摆放而使得以白、棕、灰为主色调的空间瞬间变得鲜活起来。

上图：就餐区域可欣赏到房间外的游泳池。餐桌采用喷砂玻璃桌面。

上图：带有水果蜜饯图案的水磨石台面、玻璃台面的餐桌、石面地板，形成了令人惊喜的有效组合。

右上图：抛光石面地板、白色层压塑料桌面、灰丝绒座椅套，使得图中餐厅时髦而别致。

右图：餐厅所处建筑由日本建筑师坂茂设计，位于北京北部地区。人们可以从餐厅眺望长城。

左页图：

上图：这处由旧厂房改建的住宅里混合了砖、木、水泥三种元素。松木餐桌和叠椅能够与周围场景完美地融为一体。

左下图：建筑师登琨艳由20世纪早期的外国领事馆改建的公寓。餐厅被一条木面金属长桌占据。长桌既能当作餐桌，又能作为工作台使用。

右下图：大餐桌由日本著名家具设计师仓俣史朗（Shiro Kuramata）现场制作。桌面采用了三层夹胶玻璃，中间一层玻璃受到三个点同时锤击而产生的裂纹，用来装饰桌面。

上图：餐厅通过采用贴金装饰、印花图案、艳色布料、玻璃吊灯，以及英国摄政时期风格的餐椅等元素，呈现出一种现代巴洛克风。

右图：餐厅位于印度新德里一处公寓里，由美国设计师迈克尔·阿拉姆（Michael Aram）设计。染色木制台面和金属支架构成的餐桌、餐凳为整个空间增加了厚重感。

上排左图：一处中国殖民风格住宅里，西式的内部装潢，配以悬挂的中国画和红灯笼，呈现出中西合璧的味道。

上排右图：套有蓝色座套的无扶手高背餐椅，与图中餐厅的金色、哑光色调内饰形成了绝妙组合。

上图：加了皮垫的维多利亚风格餐椅与薄面金属餐桌形成了强烈对比。在白色墙壁的衬托下，荷兰设计师马丁·巴斯风格的焦木边柜也显格外突出。

左图：这个极具表现力的餐桌由日本设计师铃木良治（Ryoji Suzuki）设计。餐桌由玻璃台面、粗钢支架，以及抛光并刻有花纹的层压木板制成的龙骨型附属架构成。

上图：现代风格的深色木制餐桌与浅色木制天花板、白色墙壁、灰色地板相得益彰。

右上图：如果房间本身的内饰已经具备多种形状和质感，那么，像图中这样式样简洁的古董风格木制家具，则是很好的选择。

右图：这处吧台用餐区由日本建筑师隈研吾设计，位于上海一家照明用具公司的顶层公寓。

空间书房

左页上图：一端嵌入墙壁的悬空钢板组成的书架，加上隐藏的背光设计，使得书架上的书像悬在空中一般。

左页下图：仲松设计的北京一处小公寓里，窗下的书架，以及沙发后的工作台，都达到了节省空间的效果。

左图：书房/客厅通过画面右边的走廊与住宅内其他区域连接。画面左侧的圆柱形落地柜是亮点，可以用来储物以及摆放电视、路由器等设备。

左下图：书房采用了单格落地玻璃窗从室内看到的风景有一种置身树屋的感觉。

下图：书房所处的狭小公寓为一对夫妇工作和生活的空间。工作台光源设置在壁柜下方，起到了节省空间的作用。

左页图：

左图：日本建筑师铃木敏彦在他的作品中广泛使用铝这一建材。图中所示的办公室里，全部使用了铝来装修装饰。

右上图：在建筑师张子慧（音）和陈义朗（音）设计的极简风格二联式公寓里，图中所示的楼梯上方小块区域被设计成一处幽静的静心区。

右下图：设计师在大客厅开辟了一个区域作为书房。独立的金属书架被放置在凹陷的壁龛里，书桌则采用原木材质。

上图：建筑师约翰·加思赖特（John Gathright）设计的树屋一景。图中书房是树屋内几处由巨型味噌桶改造的空间之一。

右图：北京附近一位画家的工作室。室内大型工作台采用了适合书法家练字的高度。

空间安静区

左图：美国建筑师鲁道夫·辛德勒位于西好莱坞的居所，建于1921—1922年间。室内的极简主义风格体现出日本建筑理念的影响。简单的混凝土墙板，中间开了两条约8厘米宽的竖直裂缝作为窗口，营造了一种平和宁静的氛围。

下图：北京的设计师和餐厅老板JinR设计了她自己公寓的客厅。就颜色和质感来说，设计师采用了纹理稀疏的白色和灰色布料装饰室内空间，营造出宁静的氛围。

上图：在为东京一家广告公司进行室内设计时，克莱因·戴瑟姆建筑事务所（Klein Dytham Architecture）在开放的办公区中间辟出了图中所示的一处私密空间，供员工休息和沉思之用。

右上图：擅长运用铝建材的日本建筑师铃木敏彦采用层压铝片打造了图中所示的蜂巢型茶室，给传统的茶室赋予了现代感。建筑上的圆孔是为了采光和通风。

右图：这处日本园林设计师荻野寿也（Toshiya Ogino）设计的景观里，一堵曲面白墙衬托出一株树干倾斜的红枫，以及一处长满蕨类植物的石丘，使得人们即使身处图中所示的狭小房间，但也能观赏到能令人冥思的画面。

上图：悬挑凸出的阳台可以俯瞰改建后的印度拉贾斯坦邦前城堡要塞，是一处适合冥想或者观赏风景的幽静之所。

左图：在日本建筑师前田纪贞设计的这套公寓里，设计师用玻璃墙在客厅中间圈出了一块独立的空间。

最左图：公寓由建筑师登琨艳设计改建而成。图中这块榻榻米垫子的区域是后加的，用作冥想之用。

左页图：长城脚下的竹屋里，该屋设计者日本建筑师隈研吾借用了日本传统的"檐廊"创造了一处可远眺长城和远山的幽静之所。

上图：这处位于京都的单层住宅，既可以是开放式的通透空间，又可以通过隐藏在墙壁内部的活动隔板，将室内空间分隔成多个区域。画面左侧有一块地板抬高的区域，上面铺有榻榻米垫子，作为围棋室使用。

右上图：曼谷一处大型住宅的地下卡拉OK厅，私密幽静。这个房间直接连接室外的下沉花园。

右图：此图中房间与右上图的卡拉OK厅处于同一所住宅内。这个房间作为家庭影院，配备了投影仪和低矮沙发。

空间娱乐区

左页图：
从左上角顺时针方向：
一处改建后的公寓。为了使娱乐空间更宽敞，建筑师将此前的多个房间打通，获得了图中所示的大房间。房间中央的电视墙上覆盖了一层铜箔，使房间具备了与众不同的特色。

图中的狭小住宅由日本建筑师佐藤浩平设计。从厨房洗手池向前望去，可以看到与之相对的小客厅。

在这栋由日本建筑师近藤康夫（Yasuo Kondo）设计的住宅里，娱乐区、客厅与餐厅、厨房被一堵约2米宽的墙隔开。

左图： 北京一处公寓的音乐室。公寓内的暗色墙壁、石板地面、昏暗的灯光，以及色彩丰富的窗帘营造出一种独特的氛围。

左下图： 圆管状皮软垫紧贴图中角落的弧面墙壁，排列成半圆形的沙发和圆形脚凳，将这个空间变成舒适的休息区。天花板上垂下的帆布帷幔，令顶灯投射出来的光线变得分外柔和。

下图： 房间由印度建筑师拉吉夫·塞尼设计。主要特色为房间里侧立的U字型结构，浇筑成型并涂有亮漆。这一结构上设有座位，并有隐藏光源，为房间提供了柔和的光线。

空间照明系统

上图：图中名为"风"的立灯由日本建筑师黑川雅之（Masayuki Kurokawa）设计，通过将两片椭圆形的聚丙烯纸包裹在灯泡外边，并将边缘黏合制成。

右页图：
从左上角图顺时针方向：

房间所处公寓由前日本驻上海领事馆改建而成。长条桌上方悬挂的祥云型铜丝网灯是建筑师登琨艳赋予这个会客室兼工作室的最大特色。

挑高客厅因一侧设置的铝制格栅落地窗使自然光线十分充足。室内有两盏圆形吊灯，每盏都由几百个扭曲的塑料条组成。

该建筑名为"土屋"，位于东京市中心一栋写字楼的顶层，由日本建筑师远野未来（Mirai Tono）设计。建筑的曲面墙壁以泥土混合稻草为材料，以钢丝网为骨架建成。土质天花板里设置了隐藏光源，为室内提供柔和的照明。

（左下角2图中）Akari灯光雕塑作品由日本著名雕塑家野口勇（Isamu Noguchi）以桑木纸和竹条制成，悬挂在他的密友兼合作伙伴和泉正敏（Masatoshi Izumi）自己建造的花岗岩建筑里。

上页图：景观位于一个榻榻米房间的推拉门之外，由日本园林设计师获野寿也设计。一座长满了苔藓的小岛，坐落在一片白色砾石之上，呈现出微缩版的园林景观。景观中一处隐藏的光源，向白色墙壁投射逐渐变弱的光，模拟傍晚正渐渐消失于地平线的夕阳，这为景观增加了纵深感。

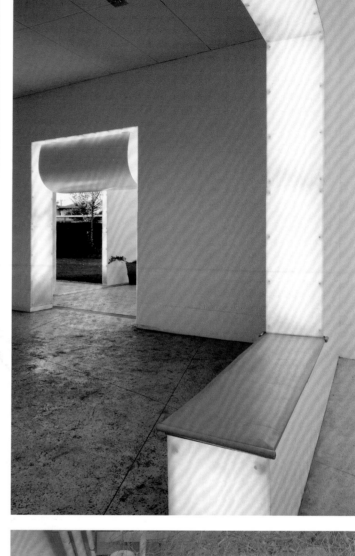

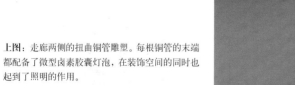

上图：走廊两侧的扭曲铜管雕塑。每根铜管的末端都配备了微型卤素胶囊灯泡，在装饰空间的同时也起到了照明的作用。

右上图：矮墙的入口处嵌入了背部设有光源的丙烯板，这是日本建筑师北川原温（Atsushi Kitagawara）设计的。

最右图：北京一家现代化茶楼里，天花板上悬挂一大团涂了白漆的树枝，树枝中间点缀着一些微型卤素胶囊灯泡。

右图：榻榻米房间配以灰泥墙和木制天花板，颇具现代风格。墙面中间有一条竖直的裂缝，位置与榻榻米垫子之间的空隙处于同一条直线上。当光线通过缝隙照入室内时，一种独特的设计效果便会呈现出来。

上图：夹层卧室中，床头附近储物架里设置了条状隐藏光源，光线通过白色墙皮和倾斜天花板的反射，弥漫在整个房间里。

左图：卧室一角竖着一盏意大利著名灯具品牌Flos的立灯，灯光在低矮窗户上方产生了球形的光影，与这个方形的房间形成鲜明对比。

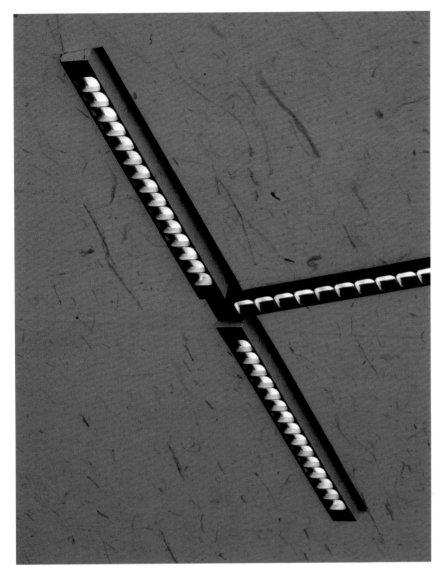

上图：该照明系统由日本设计师和丰久将三（Shozo Toyohisa）设计。天花板上嵌入的光线导光条将光线精确定位，极少有光会偏离轴心。

右上图：玻璃过道下铺了一层石英碎石，碎石的两边则各有一排微型卤素胶囊灯。

右图：在公寓入口处，人们最先看到的是倾斜的木板墙和嵌入墙壁上的壁灯。

右页图：
从左上角图起顺时针方向：
吧台台面采用背部设有光源的缟玛瑙。裸砖墙上预留出储物架，架子上摆放着霜花玻璃蜡烛杯。

一排工业设计风格的笼灯，组成了图中空间的照明系统。

走廊由两排对称的树莓形灯泡提供照明。

蜡烛灯泡的使用，在提供照明的同时也起到了装饰作用。

左上角图：日本园林设计师长崎刚志(Takeshi Na-gasaki)在一座小屋顶花园设置的装置艺术。设计师在混凝土和砾石地板上嵌入了两种踏脚石，其中之一为铸造玻璃灯，另一个为铜制圆盘，每个上面都刻有竹节纹样。

上图：凹槽绕浴池一圈，底部设有光源，并且灯光颜色循环变换。槽内填有鹅卵石，底部灯光通过鹅卵石照射出来。

右上角图：玻璃方灯由日本园林设计师长崎刚志设计，利用内壁粗糙的花岗岩模具制作玻璃灯罩，最后装入灯泡制成。

右图：本图中的灯具是上图中方形玻璃灯的另一个版本。设计师先在图中的场景摆放白色鹅卵石，然后用玻璃灯照明和点缀。

上图：灯具由倒置的储物罐制成，内装一枚节能灯泡。

左上图：球状灯由日本建筑家藤森照信设计，被兜在由一条三角叉树枝架设的网里。

左图：在细竹竿建成的吊顶中央，有一个方形切口，中间装有一盏低瓦数卤素投射灯。

 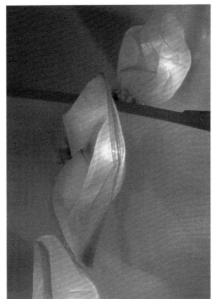  

上4图由左至右：

设计师詹妮·彼尔德谢尔（Jenny Beardshall）设计的气球形吹制玻璃灯，悬挂在扭曲的花线上。

由法国双谢设计工作室（Tsé & Tsé）设计的一组照明灯。

荷兰设计师皮埃特·布恩（Piet Boon）用融化的聚氨酯材料制作的吊灯。

设计师苏珊娜·菲利普森（Susanne Phillipson）设计的地板立灯，当折边展开时灯即打开。

左图：日本设计师内田繁为他自己的茶室设计的"蛋形立灯"。他另外加设了两盏射灯，以突出室内的卷轴画和墙花装饰。

200—201 页图：

左图：此全金属楼梯间的照明系统仅为隐藏的条状光源。光线被故意设计得很昏暗，从而让来客为光线同样不充足的楼上各层做好心理准备。

右图：北京一处新式餐厅的入口。厚重的金属门上，角落的一盏聚光灯投下倾斜的光影产生了一种奇特的视觉效果。入口的开关隐藏在底部设有光源的装饰鼎下，用手按压即可。

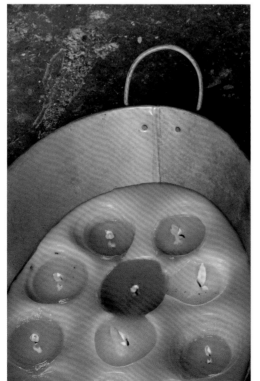

左上图：客厅天花板悬挂的"鸟形"灯泡延续了设计师的童心设计。

上图：吧台上方悬挂着很有特色的直升机形状的吊灯。

左图：锡盘里融入了多根小蜡烛，从而制成了图中的多灯芯大蜡烛。

空间夹层

左图：为了能在这个开放式的挑高屋顶住宅里有一处私密的所在，日本建筑师前田纪贞设计了图中这处高悬在墙角的小书房。

右图：设计师在图中步入式壁柜的上方，巧妙的辟出了一间夹层卧室，将储藏区和睡眠区优雅地结合了起来。

左图：谷仓顶样式屋顶下的大面积木制平台，是一间四面合围的卧室，看起来像是一座室内树屋。

右图：一栋小立方体形住宅里，所有台面均为木制。为了更好地利用空间，设计师增设了一个夹层作为卧室。

下图：在这栋20世纪30年代旧房改建的公寓里，客厅的末端增设了一处开放式的夹层，作为书房和小休息区，并且这个区域与室内其他空间处于连通状态。

上图：此建筑在设计时，考虑到部分空间将作为画廊使用，所以带有喷砂玻璃护板的上层连廊同时也可当作观景台。

左图：建筑为全木材建造，呈现一种天然美。建筑立面交叉斜梁上覆盖的聚碳酸酯薄膜，为室内空间增加了私密感。

空间阳台

左上角图：这座极具现代感的建筑里，日本建筑师井坂重治（Shigeharu Isaka）通过钢制露台和连廊的使用，使得建筑没有再建一层的必要。

上图：印尼著名珠宝商约翰·哈迪位于巴厘岛的居所。仿造伊班族人（Iban）的水上长屋，架设在木柱之上连接两个房间的走廊被设置成为休息区，人们可以从此处眺望远处的梯田。

右上图：在日本建筑师玉置顺设计的这处住宅院子内，设置有一处管状钢梁支撑的钢丝网露台。

右图：一间东京的公寓。阳台因面积过小而不具备实用价值，因此，日本园林设计师长崎刚志在其中设置了一套园林装置，仅供观赏之用。

空间院落

上图：日本建筑师前田纪贞设计的这栋建筑共有六处内部院落。每处院落四周都采用玻璃围墙隔离，以使院内院外进行最大程度的融合。

左图：本图中的单层小住宅也由上图的建筑师设计。在这处住宅里，建筑师也同样用玻璃墙围出了一条狭长的露天小花园。

最左图：在这栋东京的住宅里，来自日本SANAA建筑设计事务所的建筑师妹岛和世（Kazuyo Sejima）和西泽立卫（Ryue Nishizawa）移走了部分土壤，建造了一座下沉花园。这座花园夹在两堵由玻璃和聚碳酸酯建造的围墙中间，仅栽种了一棵山茱萸，体现了极简风格。

最左图：院子中央的红枫是这所入口院落的焦点。画面右侧的玻璃墙将这所院落与通往客厅的楼梯分割开来。

左图：两棵松树被疏落地种植在院落的倾斜的沙地上。院子里的木制平台周围，种有日本富贵草。

下图：黑色高墙确保了这所绿意盎然院落的私密性。院子里种有青草、红枫以及吊钟。中间还铺有一条花岗岩踏脚石组成的小径，以连接两个处在一楼的房间。

左页图：

左上图：小院落中央设置了两处长满苔藓的土丘。两处土丘中间铺满了白色的砾石，其中大土丘上种了一棵红枫。画面左侧的一排黑竹，将院落与街道分割开来。

右上图：斜坡院落地面铺有粗糙的石块，并栽种了特别挑选的绿植。从院落底端向上看，我们可以看到顶端玻璃窗框出的风景。

左下图：建筑师在对图中这套北京四合院进行改建时，加设了几处玻璃窗朝向中间的小院落，在透光的同时，也增强了观赏性。

右下图：在三层建筑的天井底部栽种了一棵红枫。这颗红枫从各层都可以看到。

空间内外空间交融

最左图：日本建筑师松村洋子（Yoko Matsumura）在父母家唯一一块可再被利用的区域，也就是停车场的上方，建起了自己的书房兼公寓，并将这一空间与院内两棵古银杏树的中段风景相连接。

左图：印度尼西亚巴厘岛的一处当代风格建筑。玻璃围墙的加入，将原本的檐廊改造成为配备了空调系统的就餐区。

左下图：高耸的玻璃墙围出了一处狭长的微缩露天院落。

下图：建筑位于泰国芭提雅附近。书房入口处一端的玻璃墙和玻璃天花板，再加上一侧由水平木板搭建而成的墙壁，使得书房与室外花园的连接变得极其自然。

212—213页图：

左图：这是由上海偏建设计公司改造的一处上海弄堂老屋。图中所示墙壁完全由玻璃板连接而成，并无任何框架辅助支撑。设计的目的是使身处此地的人们，能够畅通无阻地欣赏墙外入口处的露台景观。

右上图：设计师在顶层套房的卫生间旁边，加设了一处屋顶阳台。

右下图：为了加强内外空间的相互融合，日本建筑师隈研吾在他的"莲屋"中大量使用了薄石灰华片，建造如图所示的棋盘格式墙壁。

左上图：在这处伦敦的小型住宅里，建筑师伊恩·钱在客厅与小阳台之间，设置了一面折叠玻璃门。当玻璃门打开时，客厅与阳台之间即可畅通无阻。

最左图：日本建筑师隈研吾在图中所示的"塑料屋"中，采用了玻璃以及玻璃钢聚氨酯作为门窗和墙壁的主要建材。

左图：一处周末度假别墅的客厅。客厅一侧的玻璃墙起到了画窗的效果，精准地将室外的树林美景框出一幅风景画。

上图：上海一处可俯瞰地面园林的顶层套房。会客区与室外的露天无边泳池之间立着一圈玻璃墙，起到了既隔离又连接的作用。

右图：印度建筑师萨米拉·拉瑟德（Samira Rathod）在印度孟买附近的度假屋里设计了一处室内小院落，使整个建筑保持了一种开放的格局。

左图：泰国A49建筑师事务所设计的一处位于泰国华欣的海滩度假屋。度假屋的主客厅被玻璃墙外的泳池和海景包围。

上图：美国设计师雷·伊姆斯（Ray Eames）设计的著名休闲椅，配上日本著名雕塑家野口勇的立灯。背景为丛林景观，下方的水塘就像要浸入室内一般。图中呈现出当现代主义遇到丛林的景象。

空间露台

左图：日本建筑师黑川纪章（Kisho Kurokawa）在他自己设计的位于东京赤坂十一楼的公寓里，加设了一处私密的小花园，并在花园里辟出一块饮茶区。

上图：图中露台可俯视北京紫禁城边上的前皇史宬。露台本身也处在一栋古建筑里。图中的石墙以及玻璃台面茶桌的设置，赋予了这处古迹一丝现代的意味。

下图：泰国A49建筑师事务所设计的一处位于泰国芭提雅附近的住宅。建筑师们将设置挑檐为檐下廊道遮阴的传统建筑理念进行了创新，设计出了一栋不用安装空调系统也能保持阴凉的建筑。

左页图：泰国华欣附近的一栋海边度假别墅顶层设置了一个小泳池，上方有金属板组成的顶棚遮阴。

左图：屋顶露台的入口设置了一扇用聚碳酸酯材料特制的门。这扇门在关闭时又可作天窗使用。

下图：屋顶露台周围建造了一圈常见的砖墙。墙上方孔的设计在保证隐私的同时起到了透光、通风的作用，也为整个空间增加了动感。

空间城中花园

左图：日本建筑师隈研吾在图中所示的"塑料屋"中采用了奶绿色的玻璃钢作为平台和外墙的主要材料，在保证透光的同时，也为建筑营造了一种柔和的氛围。

上图：建筑师在走廊的末端设计了一处小观景园。园中种植了一株银桦，树旁设置了一个小石水池。观景园与室内用一堵玻璃墙隔开，与室外大街则以一道金属格栅隔离。

左图：富有想象力的建筑师利用旧铁轨枕木搭建出台阶状的壁架，然后，在壁架上根据季节不同栽种不同的植物，将图中的小地下室改造成了一处多阶小花园。

右上图：设计师通过设置一块片抬高露台、一块有鹅卵石铺边的草坪、以及刷成白色的墙壁，使得院落呈现出雕塑般的简洁感。三株年幼的红枫在垂直方向提供了观赏元素。

右下图：建筑师在公寓楼侧面的狭长区域，用砾石、火山石和普通石块堆出了一个每层阳台都能看得到的小园林。

228—229 页图：
左页：
左上图：铺有绿色草坪的屋顶阳台，一侧可以俯瞰旁边的露天院落，与室内相连接的另外三侧都设置了落地玻璃窗，最大限度地使室内的人们享受到自然美景。

右上图：玻璃内墙与白色外墙之间圈出了图中所示的小花园。花园里摆放着一个手工制作的石质水池和一个长满苔藓的小土丘。土丘由砾石围出不规则的边缘，上边栽种了几棵打结花。

下图：日本设计师长崎刚志运用对立原则设计的典型园林。这个花园体现了设计师对光（叠放的混凝土圆盘）和暗（圆盘下的缩微景观）的应用。

右页：
上图：上海一处种植园里，左侧以旧建筑回收的砖块为建材砌起的月门，被右侧竖立的硕大镜面映射出来，有效地营造出一种幻象。

下图：伦敦樱草丘的一处露台花园。园中铺设了混凝土踏脚石，主要栽种常绿植物以及各种草类蕨类植物，其中有一棵风车棕榈。

反觀
REFLEXIVITY

上图：伦敦肯辛顿一处经日本园林设计师长崎刚志重新设计的露台花园。设计师在园中堆砌了多堵墙面，高矮材质各不相同。从材质来说，既有19世纪30年代烧制的老砖头，又有用喷枪烧黑的木头，也有简单的竹竿。画面左侧部分砖墙被一块钢制镜面取代，镜前的铺地石板也被移开，创造出一处能产生幻影的空间。

UTILITY
功能空间

在这本书里，我们为"功能空间"赋予了一个较平常更为宽泛的概念，将它从通常所指的水、电、燃气相关设施区域，延伸至生活中所有必要的功能区，但不包括娱乐区。读完本章你就会发现，生活中用来容纳纯实用设施的空间，在富有想象力的设计师手中也会变得充满创意。总之，功能空间也可以变得很有趣。

我们对厨房的认识，例如它应该包含什么内容以及如何发挥功能，在过去这些年已经发生了根本转变。这是因为烹饪本身已经逐渐成为很多人生活中不可分割的一部分。已经有越来越多的人将烹饪视为表达创意或者放缓生活步调的途径，而不再视其为繁琐又无法摆脱的小事。这也就意味着，人们愿意花更多的钱、费更多精力来装修自己的厨房，为厨房配置完备的设施。他们当然也会在厨房里度过更多时光。例如，朋友聚会时，可以一起在厨房准备食物。另外，随着高效抽油烟机的使用，厨房设置在开放式的客厅或餐厅里也变得更方便实用，类似的案例都可以在最后一章看到。

浴室是另一个我们的认识发生升级的生活设施区域，因此人们在浴室的装修装饰方面也逐渐愿意花费更多的钱和精力。这同样也意味着，人们在浴室里将待更长的时间。其实对于日本人来说，洗浴等同于休闲。这种理念并不陌生，因为日本人早已将洗浴提升到一个新的层次，甚至很多人到某些旅游胜地的终极目的就是为了洗浴。洗浴意味着泡澡和放松，而不再专指洗净身体（这一步骤早于泡澡单独进行）。那么，与浴室密切相连的卫生间肯定是家里所有生活设施区域最纯功能性的了吧？如果你抱有这种想法，那么你看到本章的某些案例时，将会大吃一惊，因为这些卫生间的设计者们追求的是如何让上厕所这件事变得有趣。

睡眠可以是纯功能性的，但我们用来睡觉的空间也已经经历了变革。从本书中收录的案例中，我们可以观察到两种趋势。一种认为卧室不再仅仅是摆放一张床的空间。很多卧室变得越来越大，设施更加完备，氛围和风景都是设计这些卧室时要考虑的因素；而另一种趋势认为在设计卧室时，应该尽量将睡眠对整个室内空间的影响最小化。为了达到这个效果，一个途径是在现有空间内加设夹层或做同等效果的延伸；另一个途径是学习日本人共享睡眠和生活空间的传统。例如，选用简易床垫，白天不用时可叠起来放入储物柜。

我还发现另外一个有趣的现象，那就是室内设计师们对管道、储物架等无趣的生活设施空间，也投来了更多的关注。当代的室内空间正以前所未有的速度发展和变化，而且设计方案也越来越富有创意。总的来说，我们不再像以前那般囿于自身的传统，反而更愿意接受不同的文化和新理念，也更愿意尝试新东西。而所有这些转变，正在因为人们生活方式的转变，以及思维和创造力的全球化，获得源源不断的动力。

功能空间厨房

上图：厨房以墨染木板搭顶，以掺有稻草的灰泥抹墙。厨房中央设有双层操作台，部分台面材料选用日本橡木，另外一部分则采用不锈钢，上层台面边缘呈曲折状。

左图：在屋顶挑高的开放式住宅里，室内中央竖立起的一道曲面独立墙，隔出了如图所示的厨房区域：不锈钢金属台面、舱壁照明灯，以及与外界主空间相连通的舷窗式窗口。

上图：厨房所处的全玻璃建筑由日本建筑师北山恒
（KohKitayama）设计。建筑主结构的中段被嵌入
一个狭长的空间，以充当客厅和功能空间。空间中
心的厨房兼餐厅区域，通过一扇推拉门与其他区域
相连通。

右图：此开放式厨房兼餐厅配备了橡木壁柜和不锈钢支架支撑的层压塑料台面餐桌。这一区域紧挨客厅，因此，桌面上方的抽油烟机就成了必需品。

右下图：一间位于地下室的厨房。厨房地面铺有中式老砖头，按照对角线方向铺陈开来，天花板则是未粉刷的混凝土材质。厨房中央摆放着一张橡木实木桌。

下图：小厨房中央的不锈钢操作台、水池以及抽油烟机都为四方形。这种棱角分明的形状产生的生硬感，被旁边的椭圆形大理石台面餐桌中和了。

右图：厨房的独立洗手台由混凝土浇筑，与右侧的同材质操作台面相呼应，并同精致的木地板及木门形成鲜明对比。

上图：厨房通过一扇旋转门与前方书房隔离。当旋转门处于打开状态时（如图所示），它会给人一种悬浮在半空中的错觉。

右图：在开放式厨房兼客厅、餐厅区域，木头色、石头色、淡土黄色等多种颜色的使用，使得室内空间呈现一种不张扬的层次感。

左页图：在这处小型开放式度假别墅里，一圈玻璃墙围出了一块下沉的壕沟式的厨房区域。操作台与一楼地面在同一水平线上，而橱柜则位于地下黑色壕沟的侧面。

左图：在对这栋建于20世纪30年代的公寓进行改建时，上海偏建设计公司富有想象力的建筑师们设计了如图所示的胡桃木和胶合板装置，与建筑原有结构相互贯通，用来放置生活设施用具，同时提供了储藏空间。图中所示装置位于厨房内部。

下图：对厨房进行改建时，建筑师采用了白色层压塑料板作为操作台的主要材料。这与装饰有马赛克贴片的木制天花板形成对比效果。

右图：对这处住宅进行改建时，建筑师伊恩·钱在客厅兼餐厅区域最外侧的一堵墙上，设计了凹陷的壁龛，从而将厨房操作台、水池、灶台整齐地安排这一空间里。操作台上方隐藏的条状光源，也与厨房上空的硕大天窗形成互补。

下图：与建筑融为一体的高脚桌，搭配三个高脚凳，很好地解决了在如此狭小的厨房空间如何用餐的问题。

右下图：厨房一侧采用了带有不锈钢边框的黑色玻璃墙，与整栋建筑的装饰艺术风格相协调。

右上图：漂白木制地板、白色橱柜、黑色高脚凳，以及黑色厨房操作台，这些黑白元素的结合，为厨房营造出一种酷酷的氛围。

右图：从这个角度可以看到的灰色墙砖以及石头台阶，与全白色的厨房形成了鲜明对比。

最右图：一处集会客、工作、书房、餐厅和厨房于一体的多功能区。不太起眼的白色隔墙起到了不用设置围墙就能将空间进行分割的效果。

功能空间浴室

上图：水从左侧的墙壁流入，从右侧流进地面的凹陷水槽里，将洗手池变成了流水装置。

左图：波浪状曲面墙将原本平淡无奇的公寓格局变得别致起来。粗粝的混凝土墙面上的彩色条状马赛克图案，进一步使室内空间变得活泼动感。图中的浴缸是用石头手工建造的。

最左图：房间位于北京艺术家邵帆为他的朋友兼邻居设计的居所中。在这栋建筑里，从各个房间到天窗，再到浴缸，都贯穿了"圆"这个主题。洗手台也被设计成了扇形，与下方的圆形基座相呼应。

左图：因为房间空间有限，设计师就简单地利用一个角落，用两块玻璃板围起来，再开一扇三角形的窗户，建成了一个浴室。

右图：此浴室被它的设计者、法国设计师玛塔丽·克拉赛特（Matali Crasset）命名为"花草实验室"。共有约一百个花盆被嵌入聚丙烯墙板中。

上图：这间日式传统浴室位于东京附近，一侧墙壁上开出的超大号舷窗，可以看到室外一处隐蔽花园的美景。

右图：倾斜的大天窗使得浴室光照十分充足。洗手池部分嵌入大理石台面里。

左图：浴室位于上海一栋写字楼的顶层套房，专供来访客人使用，由日本建筑师隈研吾设计。木板条铺就的地板与装有百叶窗的天花板遥相呼应。百叶窗由电动开关操作。

下图：带有观景窗的浴室高耸于印度拉贾斯坦邦的一处城堡里，在此可远眺阿拉瓦立山（Aravali Hills）。浴室里的浴缸、地板和墙壁都是由大理石制成的。

右图：浴室由设计师米尔贾娜·欧贝罗伊（Mirjana Oberoi）设计改建，改建后具有浓郁的英国殖民时期风格。浴室的一侧设有一个独立的老旧浴缸。

最右图：悬挂的印度竹帘上包裹了一层带有手绘图案的织物，为这个位于德里一栋老楼里的顶层露台浴室营造出一种户外的氛围。

右下图：印度斋浦尔一家水疗会所里的浴室。浴室里长有一株以药用价值闻名的成年楝树。

上图：传统的日式浴室。包括一个下沉的热浴缸和一处淋浴区（通常泡澡之前先淋浴）。这样的房间在日本通常设置在榻榻米房间旁边。

左图：下沉式大理石浴缸还设置了一个斜坡状靠背。泡澡的同时，还可以欣赏旁边依墙而建的花园美景。

最左图：浴室虽然空间有限，但却拥有好风景。浴室的推拉窗外设置着几处长满苔藓和蕨类植物的盆景以及一片竹屏风。

左图：浴室被全部处理为白色。曲面墙壁和蜿蜒的浴缸侧壁，都贴有白色马赛克瓷砖，弱化了这个房间的性冷淡极简风。

下图：为了确保绝对的私密性，这处住宅里，只有通过幽深的天井才能透进自然光。浴室设置了一道玻璃门，可容自然光透入。

左图：英国伦敦一栋维多利亚时期风格住宅的浴室。因用广角镜头拍摄，所以照片里的空间有些变形。这个洗浴间在改建时，设计师用喷砂玻璃将原来的铁制浴缸和置物架都包裹了起来，并且玻璃片背后设置了光源，以产生分散的柔和光线。

左下图：在浴室进行修复时，设计师采用了英国著名品牌原创风格（Original Style）的瓷砖，并且悬挂了一幅波兰女画家塔玛拉·德兰陂卡（Tamara de Lempicka）的画作复制品，这些使得整个空间呈现浓郁的艺术装饰风。

下图：下2图来自同一个全白色的大理石浴室。从最下方的图可以看出，大理石浴缸里还砌了一个带有枕头的靠背。

右图：房间的不规则形状赋予了建筑师和设计师灵感。他们在对这个房间进行改建时，在浴缸表面，利用混凝土和瓷砖创作出环环相扣的形状与图案，并延续到天花板上与之相对应。

右下图：浴室位于曼谷南部的一栋海边别墅里。房间一侧的落地窗外种满了棕榈等植物，这使得房间显得明亮而不失私密性。

上图：浴室位于一栋现代风格的别墅里。浴缸深陷入混凝土地面，房间内所有的隔墙都采用玻璃建造。浴缸的左侧是一面单面镜，隐藏在其后的是卫生间。

右上图：天然形状的浴缸由混凝土混合鹅卵石建成。房间的地板也沿用了这种材质。

右图：浴室位于牛田·梵德雷建筑事务所（Ushida Findlay Partnership）在1994年设计的标志性建筑毛绒屋（Soft and Hairy House）内。这个蛋形洗浴间的墙壁上布满了舷窗式孔洞，内墙表面贴有圆形橡胶砖。

右图：在日本建筑师前田纪贞设计的这处住宅里，多块玻璃板以不规则角度围出浴室。浴室位于室内空间的正中央，构成了一处特别的景观。厨房、餐厅和客厅都分布在浴室的周围。

功能空间淋浴间

右图：淋浴间位于楼顶露台，下水槽里填满了白色鹅卵石，供渗水之用。

左图：淋浴间铺有碧莎牌马赛克玻璃砖。

上图： 在第258页出现过的另类浴室里，中心区域设置着一套图中所示的设施，包括马桶、淋浴喷头、日式低矮水龙头以及男士小便池。

右上图： 淋浴/浴室旁边设置了一个小缩微花园。

左图： 在一处空间狭小的东京公寓里，塑料浴帘围出了一块淋浴区。浴帘外是建筑师用管道搭建的隔墙。

右图： 淋浴喷头隐藏在一根大圆柱之后，圆柱里边更是隐藏着一个小卫生间。

右图：与卧室相连的一堵玻璃墙隔出了一处极简风格的淋浴间。

中图：在设计此浴室/淋浴间时，印度建筑师拉吉夫·塞尼选用了带有手绘图案的瓷砖来铺设天花板，使这个房间有了一种帐篷的感觉。

最右图：印度拉贾斯坦邦一处露营地里，一顶大帐篷里的淋浴间，由石头和木头搭建而成。

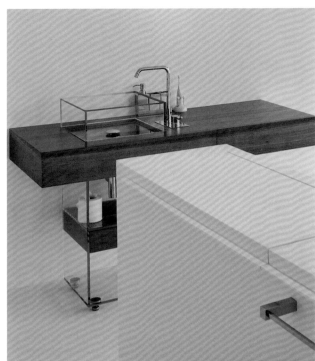

功能空间洗手池

最左图：一个盘状玻璃碗，就构成了一个最简单的洗手池。

左上图：方形玻璃洗手池穿过木制洗手台一直延续至地板，其下半部分可做储藏之用。上下两部分构成既分离、又统一的整体。

左下图：在这个令人耳目一新的洗手间里，玻璃台面和不锈钢支架，与灰色的大理石墙壁和地板融为一体。

本页图：建筑师阿尼科特·巴格瓦蒂设计的这处海边小屋里，到处弥漫着海洋元素。这一风格在图中洗手区的波浪形不锈钢洗手台得以延续。洗手区通过独立的隔墙，与旁边的就餐区分割开来。

上图： 在新加坡一处住宅里，洗手台由一块厚重的暗色大理石块构成。石块边缘极不平整，还留有凿石的痕迹。石块上方被磨出了一处光滑的斜底凹槽，以作洗手池之用。

中上图： 洗手区以低调的土黄色为主色调，选用式样简单的瓷盆作为洗手池。

中下图： 设计师肯·詹金斯（Ken Jenkins）在他自己的家中选用了一个红色花纹的瓷盆作为洗手池。

右上图： 洗手区简单地以灰泥涂墙，然后安装了大理石材质的洗手台，并用同样材质的石碗作为洗手池。

右图： 洗手池为圆锥状，材质为蓝色玻璃，出水孔在底端尖头处。

上图：建筑师彼得·奥特肯在设计椭圆形洗手池时选用了意大利著名陶瓷品牌卡特雷诺（Catalano）的陶瓷。因为该品牌陶瓷更接近中国传统石质洗手池的质感。建筑师同时还为这个房间量身定制了图中所示的毛巾架。

右上图：贴有大片方形瓷砖的洗浴间、维多利亚式的洗手台，以及内部设有光源的喷砂玻璃橱柜，所有元素和谐统一。

右图：白色瓷碗洗手池安装在黑色抛光大理石洗手台之上，显得分外轻盈。周围木墙和灰泥墙在色彩上起到呼应效果。

最左图：设计师琳达·加兰（Linda Garland）在她的巴厘岛居所中，设计了图中的洗手台，即螺旋铁架托起一个纯铜洗手池。

左图：黄铜在印度是生活用具的常用材料。图中为印度一处乡村住宅里的黄铜洗手池。

左中图：日本建筑师隈研吾在他设计的全竹制洗手间里，选用了木制洗手池。

左下图：竹子、茅草、土坯是印尼著名珠宝商约翰·哈迪捐建的这个"绿色学校"（Green House）的主要建筑材料。图中为其中一间教室的洗手间。

下图：印尼著名珠宝商约翰·哈迪在他位于巴厘岛的居所里，安装了抛光黄铜洗手池，并选用了两个当地手动雕刻的木制工艺品作为水龙头把手。

最右图：很多东京房屋的宅基地形状都是不规则的。图中这块楔形角落本来不好处理，但被建筑师巧妙地设计成了一个小洗手间。

右图：日本陶瓷艺术家黑泽雄一（Yuichi Kurosawa）选用了他的一件陶瓷作品作为洗手池，其底部中央被钻了一处下水孔。

右下图：两个完全一样的独立石质洗手台。

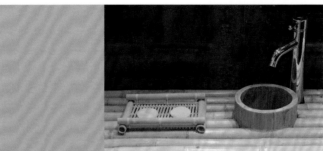

功能空间卫生间

左图：芬兰赫尔辛基的托尔尼酒店（Hotel Torni）的女士洗手间被认为拥有全城数一数二的风景。

上图：如果你站在这处泰国海边住宅浴室的马桶旁，视线越过填满鹅卵石的窗台，可以欣赏到远处的海景。

上图：浴室墙壁被刷成了简单的白色，洗手台选用不锈钢支柱。这个房间很好地展示了简单的黑白装饰瓷砖可以创造出多么令人惊喜的视觉效果。

右上图：巴厘岛一栋别墅一层的卧室和卫生间。地处半山腰的险峻位置和突出悬置的露台确保了私密性。与卧室相邻的卫生间还可以俯瞰山下的山谷美景。

右图：卧室位于巴厘岛水明漾海滩的一栋当代风格的别墅，由建筑师伊恩·钱设计。卧室与院子里的浴室和卫生间直接连通。

下页图：

左上图：圆形小卫生间独立于主宅而建。室内有一堵土墙，墙体主要由未经处理的细树干支撑，天花板由木板搭建，地板为嵌有石块的混凝土。

右上图：巴厘岛"琳达·加兰之屋"（Linda Garland House）的卫生间设置在两面竹檐之下。马桶周围设有一圈简洁的白色网纱幕帘。

左下图：卫生间位于印度斋浦尔一家由设计师莫奴·卡斯利瓦尔（Munnu Kasliwal）改建的农庄里。室内墙壁涂有红陶漆，肉眼可见涂料流动的痕迹。水龙头等设施由黄铜制成。

右下图：浴室兼卫生间位于一顶豪华帐篷内，这顶帐篷最初是为印度焦特布尔的辛格王公（Maharajah of Jodhpur）特制的。帐篷内为混凝土地面。

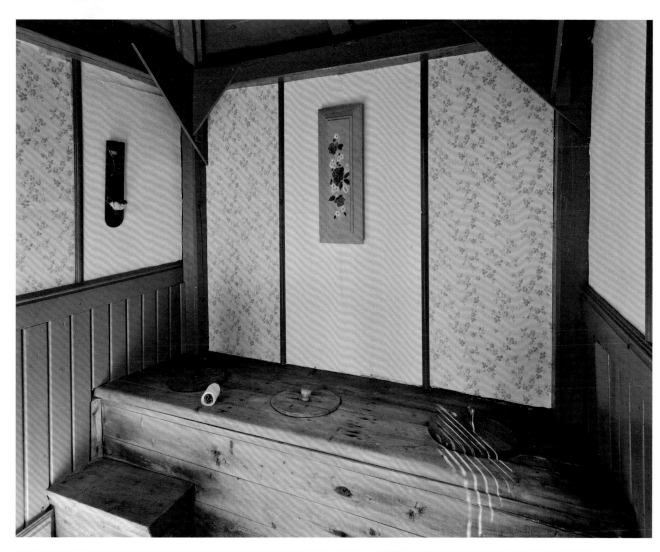

上图及右上图：芬兰赫尔辛基附近一座周末度假别墅的户外卫生间，位于一片树林之中。经过独特的设计，这个家用卫生间可同时容纳一对夫妇和一个小朋友。

右图：淋浴兼卫生间位于主宅之下，围树而建。为了防潮，房间墙壁外层涂有蜂蜡。室内还住了几只小鹦鹉，门口张起的网状门就是为保护它们而设的。

最右图：巴厘岛的"绿色学校"，秉承环保理念。图中两个相同的马桶，一个供大便用，一个供小便用。

功能空间卧室

278—279 页图：主卧位于泰国华欣一栋海滩别墅的顶层。室内 3 面内墙都设落地玻璃窗，这使得人们身处卧室内就能欣赏到不远处海滩的全景。

左页图：卧室位于一处顶层公寓。床为木制基座，天花板为可电动操作的百叶窗，能很好地控制照入室内的阳光。

左图：卧室位于印度建筑师拉吉夫·塞尼设计的一处德里附近的住宅。该住宅的占地面积非常大，因此有很大的院子。图中房间的大落地窗最大化地利用了窗外的美景。

下图：卧室位于日本建筑师坂茂设计的北京"家具之家"（Furniture House）。从室内即可眺望北京北部地区的远山。内墙采用的建筑材料为建筑师的独创，将编织的竹条进行层压而制成，材质轻盈且坚固。

上图：卧室位于伦敦一处马厩洋房改建的小公寓的一楼。两处喷砂玻璃光源为这个房间提供了充足的光线：一处来自玻璃窗（窗外即为最初的马厩所在区），另一处来自楼梯侧封口。

右上图：卧室位于一套顶层公寓。为了最大化地利用室内有限的空间，建筑师将屋檐下的区域改造为卧室的可利用空间，使其正好可以容纳一张床垫，同时还在屋顶开了一扇天窗以确保采光。

最右图：在这个十分狭小的房间里，U型竹板床给人一种看似悬浮在空中的错觉，而床下投出的柔和光线，更加强化了这一视觉效果。

右图：日本建筑师坂茂公寓内的卧室。画面最右边有两片加了合页的木板。木板形状与房间的曲面天花板保持了一致，两片木板摊平时则完全看不到缝隙。室内陈列的选用硬纸管材料的简易单人床，由建筑师设计制作。

左上2图：卧室内壁全被处理为白色，地面铺有光亮的白色瓷砖。整个房间呈现出极简的日式风格。右图中的床垫，白天会被收起来放入壁柜里。

左图：客厅位于日本建筑师隈研吾设计的北京长城脚下的"竹屋"。房间为简朴的白色，家具陈设十分简单，仅有一张简易床和一个蒲团。窗外的竹竿是建筑外立面的一部分。

上图：此公寓在第243页也出现过，由上海偏建设计公司改建。设计师们用电脑建模，创造了图中所示的多面体木制装置，并将这一装置与建筑的原有结构相互贯通，用来放置生活设施用具，提供储藏空间。图中木制装置被用来当作床基。

最上图：一张当代风格的四柱床，材质为染色橡木。整张床呈简单的立方体形。

上图：卧室的室内设计出自荷兰设计师娜塔莎·范德梅尔（Natasja van der Meer）之手。设计师选用了乳色的窗帘，使得整个房间弥漫着柔和的光线。

右图：卧室位于印尼巴厘岛，透过窗户可以俯瞰脚下的山谷。室内的床基、地板和墙都由混凝土浇筑并进行了抛光，且形状上存在连续性。

上图：卧室所在建筑为泰国 A49 建筑师事务所（A49）建筑师昆·若帕贡·瓦丹尼亚古（Khun Prabhakorn Vadanyakul）在曼谷一片森林里辟地所建。主卧 3 面被落地窗包围，使得主人能够完全融入窗外的森林美景，这些高大树木同时也确保了隐私性。

右图：这是建筑师琳达·加兰位于巴厘岛乌布的住所。开放式卧室兼洗浴区位于由竹竿和茅草搭建的屋檐之下。室内陈列着一张中国传统风格的四柱架子床。

右页图：印尼珠宝商约翰·哈迪位于巴厘岛乌布附近的住宅。卧室的床由回收的硬木和柚木制造，床上悬挂的蚊帐则由给豆腐挤水的纱网制成。

左上角图：金盏花花环是印度节庆和宗教仪式上使用的常见吉祥物品。卧室位于印度德维加改建后的拉贾斯坦城堡。金盏花墙贴的使用为这个原本毫无亮点的白色房间增添了色彩和活力。

左下角图：图中为第278—279页出现过的华欣海滩别墅的第二间卧室。从这间卧室可以欣赏两个方向的美景。

左上图：这个充满印度风情的卧室由房主德国人约尔格·德雷克塞尔（Jorg Drechsel）亲自设计。强烈对比性的鲜艳色彩的使用，强化了室内空间的存在感。室内陈列着一张构造简单的木床，床基由机床加工而成，床头板是从一架古董马车上拆卸而来。

左下图：卧室的床基为白色大理石，一侧墙壁贴有金色的树叶状墙贴。

上图：房间也位于印度德维加的拉贾斯坦城堡。床头墙壁凹陷的壁龛里装饰着印度传统的镶嵌玻璃工艺品。制作方法就是先将融化的玻璃吹进圆球中，然后镀上水银涂层，最后再打碎成为枕头形状的小碎块拼制而成。

右图：这是德维加城堡的第三个卧室，室内装饰以莲花为主题。

292 页图:

上图: 印度德维加拉贾斯坦城堡的另一间卧室。每个卧室都有一个装饰主题。这个房间的床头背景墙由刻有凸雕花纹的银版装饰。

左下图: 印度建筑师拉吉夫·塞尼孟买公寓的卧室。室内设计风格干净、简洁、现代。

右下图: 巴厘岛一处住宅的卧室,床为木制,并挂有蚊帐。

293 页图:

上图: 卧室由设计师肯尼斯·格兰特·詹金斯设计。床头背景墙设有凹陷,并嵌入了一块抛光黄铜板。地板上设置了一处带有靠背和扶手的木制台面充当沙发,沙发上摆放着鲜艳的布艺靠垫。

左下图: 美国设计师迈克尔·阿拉姆自己的卧室,由他本人设计。房间一角陈列的古董柜来自葡萄牙殖民时期的果阿邦,上方摆放着十字架和黄铜烛台。床头悬挂着一幅印度风格的花纹垂帘。

右下图: 设计师钟亚铃设计的中式主题卧室。床上用品由设计师为该房间特制。床头分列两盏丝质红灯笼立灯,正对床头立着一张金漆木框的四扇屏风,屏风上画有墨竹。

左图: 卧室位于加州一处海边单层平房建筑里,由MLTW建筑事务所的美国设计师查尔斯·摩尔(Charles Moore)在1964年设计。建筑师在客厅中央用柱子支撑起一块平台,形成一个夹层卧室。卧室的床由从屋顶天窗悬挂的画布从四面包围。

右图: 卧室位于墨染木材搭建的屋檐下,陈设简单,只有一张床垫和两盏日本著名雕塑家野口勇设计的"光"系列立灯。

功能空间储物间

左图：储物柜里隐藏着一架钢制推拉楼梯，楼梯由分别嵌入天花板和地板的两条轨道控制，拉出时可通往上层储物区，不用时可推入储物柜，设计十分精巧。为了能够有足够的空间容纳推入的楼梯，储物柜的部分柜门被设计成了三角形。

左页图：在这处造价低廉的住宅里，日本建筑师难波和彦（Kazuhiko Namba）广泛使用了胶合板这种建材。图中的梯柜是建筑师对日本传统的"阶梯箪笥"（即阶梯状的柜子）的现代演绎。

左图：为了扩大储物空间，建筑师在楼梯最下方三级台阶里设计了抽屉。

上图：此不锈钢书架由米兰设计师布鲁诺·依纳尔迪（Bruno Rainaldi）设计。

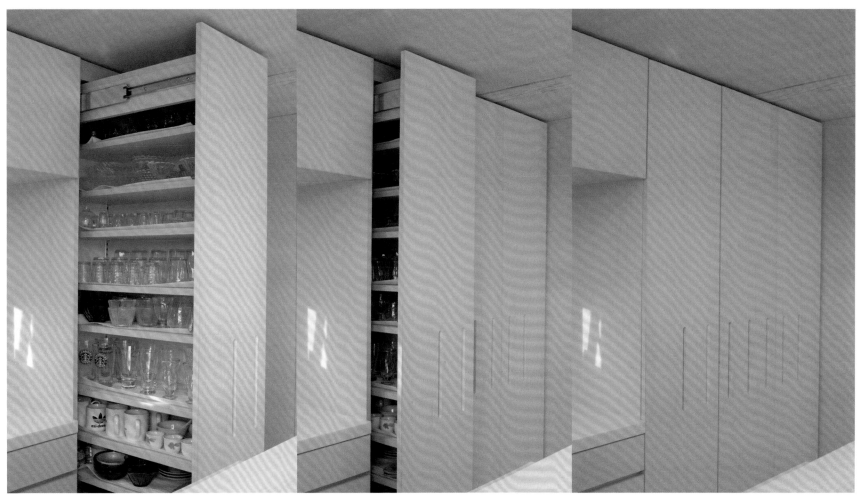

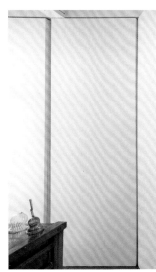

最上图：厨房储物柜与墙壁呈垂直方向而设，每个橱柜都可以完全拉出。

上图：住宅位于伦敦樱草丘。设计师将两扇壁柜柜门设计得和旁边大厅与客厅的连接门一模一样，从而有效地将储物区隐藏了起来。

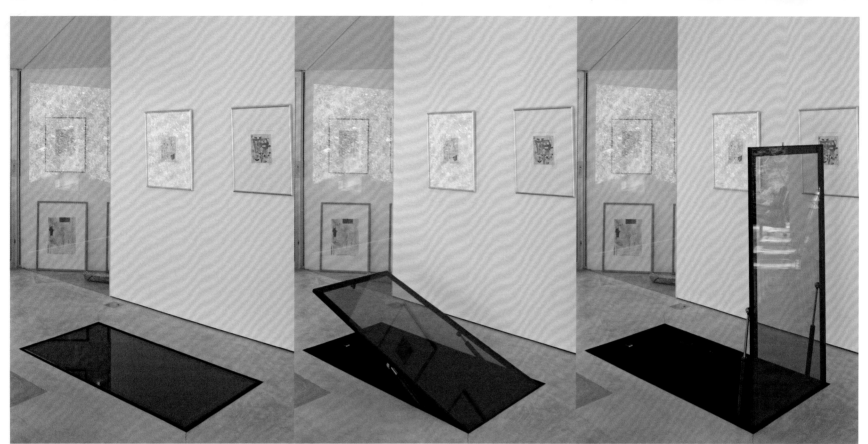

左图：地板上开了一个通往地下酒窖的入口。入口处设置的门为一扇金属框镶嵌的烟熏玻璃，呈现出很强的设计感。

左下图：通往阁楼的楼梯被隐藏在涂有白漆的木制推拉门之后。

下图：与左页上图本身就引人注目的玻璃入口不同，下2图中通往地下储藏室的地面入口能够与木地板融为一体。

右上角图：装饰有丝网印刷图案的柜门由英国设计师黛博拉·波尼斯（Deborah Bowness）设计。

右上图：落地储物柜沿墙而立，木制推拉柜门很好地将储藏区隐藏了起来。

右图：当代风格的日式榻榻米房间的储物吊柜位于房间一角，顶端与天花板相连。

左图和上图：通往卧室的台阶被改造成了藏书柜。

上图：多面体衣柜依照背面墙壁的角度而设计。衣柜材质为胡桃木和樱桃木，柜门为三角形。

右上图：卧室位于伦敦一处住宅内，空间狭小，衣柜门采用了拉丝铝板，有利于增加室内亮度，并扩大室内空间感。

右图：喷砂玻璃材质的衣柜推拉门起到了扩散室内光线的作用。

功能空间置物架

304 页图：客厅的休息区位于一块抬高的平台上，平台一侧的墙壁上布满了格子架，为主人提供了额外的储藏区域。

305 页图：红酒架由室内设计师张子慧（音）和陈义朗（音）设计，红酒倾斜放置，既简单又充满创意。

左页图：北京环碧堂画廊图书馆的大厅里有一条引人注目的走廊。组成走廊的每块板都是由电脑切割的。馆里的图书都被摆放在白色木格子架上。

上图：一端嵌入墙壁的大理石石板被用来当作陈列石罐的展示架。

左上图：住宅建于 1905 年，由于后来在改建时拆成了多套公寓，因此部分连接门被封死不用。设计师在图中这扇弃之不用的门上，嵌入了多层木板，将其改造成了置物架。

功能空间书架

左页图：上海对比窗艺廊的休息室，墙上充满童趣的置物架由艺廊所有人林明珠（Pearl Lam）设计。

左图：又高又窄的钢制书架由建筑师彼得·奥特肯设计，并请当地工人现场打造。书架共有两层楼高，在发挥藏书功能的同时，还为旁边的楼梯提供支撑。

左上图：正方形落地格子书架使得整个书房看起来更加正式庄重。

最左图：由于空间所处住宅非常狭小，为了使室内看起来显得更加整洁，房主将书架隐藏在了白色柜门之后。

左图：日本建筑师松村洋子在她工作室的一面墙上装满了格子书架，其中左上角被留出来安装空调。如果需要取书架上层的书，建筑师则会立起一把折叠梯。

上图：在对这栋伦敦樱草丘的住宅进行改造时，建筑师在屋檐下加设了图中的卧室兼工作室夹层区域，并在房间里沿墙装设了一面墙的书架。夹层的阳台可通往书架的上层。

左图：设计师在为图中房间设计书架时，特意将书架延伸到了楼梯台阶上，从而将置物区域最大化。

下图：这是一对老人退休后的新居所，由日本建筑师玉置顺设计。老人在搬家时将原来的藏书都留在了旧家，只带了图中这本他们最爱的书以作纪念。因此建筑师在新家客厅的一面墙上开凿了一处仅能容纳这本书的凹槽，作为这本书的收藏之处。

右图：工业风的书柜支架可以灵活调整尺寸大小，排列方式也可以变化。设计师先在图纸上画出了支架的草图，制作完成后涂上了奶油色珐琅漆。

建筑师、设计师（及所属机构）名录

本索引按首字拼音的首位字母顺序排列。

莫奴·卡斯利瓦尔（Munnu Kasliwal）
印度斋浦尔
www.gempalacejaipur.com

木原千利（Chitoshi Kihara）
木原千利建筑设计事务所（Chitoshi Kihara Architect & Associates）
日本大阪
www.kihara-sekkei.com

娜塔莎·范德梅尔（Natasja van der Meer）
范德梅尔工作室（Studio van der Meer）
荷兰巴伦
www.studiovandermeer.com

难波和彦（Kazuhiko Namba）
日本东京
www.kai-workshop.com

内田繁（Shigeru Uchida）
内田设计公司（Uchida Design Inc.）
日本东京
www.uchida-design.jp

普拉蒂普·帕塔克（Pradeep Pathak）
印度新德里
praachidesignarch.com

前田纪贞（Norisada Maeda）
前田纪贞一级建筑师事务所（N Maeda Atelier）
日本东京
www5a.biglobe.ne.jp/~norisada

萨米拉·拉瑟德（Samira Rathod）
萨米拉·拉瑟德设计工作室（Samira Rathod Design Associates）
印度孟买
www.samirarathod.com

三币顺一（Label Xain）
三币顺一建筑事务所（A.L.X）
日本东京
www.xain.jp/index.html

山口诚（Makoto Yamaguchi）
山口诚设计公司（Makoto Yamaguchi Design Inc.）
日本东京
www.ymgci.net

上海偏建设计公司（SKEW Collaborative）
中国上海
www.skewcollaborative.com

邵帆
中国
shaofanchina@yahoo.com.cn

生山雅英（Masahide Ikuyama）
艺术空间研究所（Arte Spatial Design Studio）
日本大阪
www.arte-sds.jp

石田敏明（Toshiaki Ishida）
石田敏明建筑设计事务所（Toshiaki Ishida Architect & Associates）
日本东京
homepage2.nifty.com/ishida-archi/index.html

松村洋子（Yoko Matsumura）
日本东京
www.matumura.biz

藤森照信（Terunobu Fujimori）
日本东京
tampopo-house.iis.u-tokyo.ac.jp

隈研吾（Kengo Kuma）
隈研吾建筑设计事务所（Kengo Kuma& Associates）
日本东京
www.kkaa.co.jp

喜多俊之（Toshiyuki Kita）
日本大阪
www.toshiyukikita.com

小泉诚（Makoto Koizumi）
小泉工作室（Koizumi Studio）
日本东京
www.koizumi-studio.jp

绪方慎一郎（Shinichiro Ogata）
简约有限公司（Simplicity Co, Ltd）
日本东京
www.simplicity.co.jp

严迅奇（Rocco Yim）
许李严建筑师事务所（Rocco Design Architects Ltd.）
中国香港
www.roccodesign.com.hk

伊恩·钱（Ian Chee）
VX建筑设计事务所（VX Design & Architecture）
英国伦敦
www.vxdesign.com

玉置顺（Jun Tamaki）
玉置建筑工作室（Tamaki Architectural Atelier）
日本京都
www.tonomirai.com

约尔格·德雷克塞尔（Jorg Drechsel）
印度喀拉拉邦
www.malabarhouse.com

约翰·哈迪（John Hardy）
印度尼西亚巴厘岛
www.johnhardy.com

张子慧（音）
中国
northlandstudio@yahoo.com.cn

长崎刚志（Takeshi Nagasaki）
树之根当代艺术和景观设计工作室（N-tree contemporary art & landscape garden）
英国伦敦
www.n-tree.jp

钟亚铃
中国上海
www.yaling-designs.com

仲松
设计的全球合作伙伴（dwp design worldwide）
www.dwp.com

佐藤浩平（Kohei Sato）
佐藤浩平建筑设计事务所（Kohei SatoArchitects）
日本神奈川
www.sato-kohei.com

图书在版编目(CIP)数据

家居之源 : 空间创意设计灵感 / (英) 迈克尔·弗里曼 (Michael Freeman) 著；潘莉莉译. —武汉 ：华中科技大学出版社，2018.3
ISBN 978-7-5680-3875-1

Ⅰ.①家… Ⅱ.①迈… ②潘… Ⅲ.①室内装饰设计-图集 Ⅳ.①TU238.2-64

中国版本图书馆CIP数据核字(2018)第035681号

Originally published in English under the title *The Source* in 2009, Published by agreement with **Eight Books Ltd**. through the Chinese Connection Agency, a division of The Yao Enterprises, LLC.

The Source by Michael Freeman: Text and layout copyright © Eight Books Ltd 2009; Photographs © Michael Freeman 2009

简体中文版由 Eight Books Ltd. 授权华中科技大学出版社有限责任公司在中华人民共和国（不包括香港、澳门和台湾）境内出版、发行。
湖北省版权局著作权合同登记　图字：17-2018-017 号

家居之源：空间创意设计灵感

Jiaju Zhi Yuan Kongjian Chuangyi Sheji Linggan

（英）迈克尔·弗里曼／著　　潘莉莉／译

出版发行：华中科技大学出版社（中国·武汉）	电话：(027) 81321913
武汉市东湖新技术开发区华工科技园	邮编：430223
出版 人：阮海洪	

责任编辑：舒 冉　　责任监印：郑红红
封面设计：秋 鸿

制　　作：北京博逸文化传媒有限公司
印　　刷：鸿博昊天科技有限公司
开　　本：787mm×1092mm　　1/12
印　　张：26.333
字　　数：41千字
版　　次：2018年3月第1版第1次印刷
定　　价：268.00元